ENCYCLOPÉDIE
ÉLECTROTECHNIQUE

PAR

UN COMITÉ D'INGÉNIEURS SPÉCIALISTES

L. LOPPÉ, INGÉNIEUR DES ARTS ET MANUFACTURES

SECRÉTAIRE

APPAREILLAGE D'INTERRUPTION

PAR

L. BARBILLION

PROFESSEUR A L'UNIVERSITÉ DE GRENOBLE

DIRECTEUR DE L'INSTITUT ÉLECTROTECHNIQUE

ET

E. POIRSON

INGÉNIEUR-ÉLECTRICIEN

CHARGÉ DE CONFÉRENCES A L'INSTITUT

PARIS

LIBRAIRIE DES SCIENCES ET DE L'INDUSTRIE

L. GEISLER, IMPRIMEUR-ÉDITEUR

1, RUE DE MÉDICIS, 1

1913

29ᵉ Fascicule.

APPAREILLAGE D'INTERRUPTION

ENCYCLOPÉDIE ÉLECTROTECHNIQUE

PAR

UN COMITÉ D'INGÉNIEURS SPÉCIALISTES

L. LOPPÉ, INGÉNIEUR DES ARTS ET MANUFACTURES

SECRÉTAIRE

APPAREILLAGE D'INTERRUPTION

PAR

L. BARBILLION

PROFESSEUR A L'UNIVERSITÉ DE GRENOBLE

DIRECTEUR DE L'INSTITUT ÉLECTROTECHNIQUE

ET

E. POIRSON

INGÉNIEUR-ÉLECTRICIEN

CHARGÉ DE CONFÉRENCES A L'INSTITUT

PARIS

LIBRAIRIE DES SCIENCES ET DE L'INDUSTRIE

L. GEISLER, IMPRIMEUR-ÉDITEUR

I, RUE DE MÉDICIS, I

1913

CHAPITRE PREMIER

Généralités

L'appareillage d'interruption comprend tous les appareils : interrupteurs, commutateurs, coupe-circuit, disjoncteurs, etc., qui, ainsi que leurs noms l'indiquent, sont insérés dans un circuit électrique pour servir à ouvrir ou fermer ce circuit, à la main ou automatiquement, chacun d'eux fonctionnant dans des conditions déterminées, fixant le rôle spécial qu'il a à remplir.

La principale caractéristique de ces appareils est leur *puissance d'interruption*, et si pour être aussi complets que possible, nous nous proposons de passer en revue tous les appareils d'interruption, depuis le simple interrupteur qui commande une lampe d'appartement jusqu'aux puissants interrupteurs à huile pour hautes tensions, notre étude portera plus particulièrement sur ces derniers, en raison de l'importance primordiale de leur rôle dans les centrales et les réseaux de distribution modernes.

L'extrême développement, à l'heure actuelle, des usines et réseaux d'énergie électrique ne date effectivement que d'une vingtaine d'années, et la rapidité de cet essor est vraiment frappante, surtout succédant à la lenteur relative avec laquelle avaient progressé, sinon la théorie, du moins les applications de la science électrique, depuis les Ampère, Faraday, Ohm et autres savants qui en avaient jeté les bases jusque vers l'année 1890, qui marque le véritable point de départ de la Technique du transport de l'énergie.

Dans cette première période, en effet, un petit nombre de chercheurs, avec de faibles moyens matériels, s'efforçaient d'assurer le développement d'une science dont ils pressentaient l'incomparable avenir, mais qui restait encore trop prisonnière de conceptions de laboratoire.

Depuis, des milliers d'ingénieurs, formés aux Ecoles Electrotechniques modernes, armés de moyens d'investigation puissants et perfectionnés, travaillent sans cesse au progrès de l'industrie électrique sous l'éperon de besoins sans cesse croissants. Cette industrie a marché à pas de géant.

Les rares et petites installations électriques du début ont fait place aux énormes usines génératrices actuelles dont quelques-unes atteignent déjà des puissances de l'ordre de grandeur de 100.000 chevaux, et transportent, à plusieurs centaines de kilomètres, à des tensions de 100.000 volts et plus, l'énergie nécessaire à l'industrie et au bien-être des populations.

Ce développement rapide a nécessité de grands perfectionnements, même en certains éléments de ces installations qui au début étaient considérés comme accessoires et réalisés de façon rudimentaire, mais pour chacune desquelles existe aujourd'hui une technique précise.

Telles sont, entre beaucoup de questions d'actualité, celles des lignes de transmission aériennes et souterraines, des isolateurs, des tableaux de distribution et, en particulier, de l'appareillage d'interruption.

L'industrie électrique dispose aujourd'hui d'appareils perfectionnés, ayant d'autant mieux fait leurs preuves que ces perfectionnements sont nés sur le terrain, c'est-à-dire d'après l'expérience même tirée des réseaux qui les employaient, plus souvent que dans les laboratoires d'essais des constructeurs. Ces appareils sont devenus de véritables machines, ayant une importance presque aussi grande que celle des grosses unités génératrices transformatrices et réceptrices qu'ils protègent et dont ils servent à régler et à distribuer l'énergie.

Comparés à leurs ancêtres, dont on pouvait voir encore quelques échantillons au stand « rétrospectif » de l'Exposition d'Electricité de Marseille 1908, les nouveaux types, par leur constitution, montrent bien l'étendue du chemin parcouru.

Bien qu'actuellement encore, et comme il est de règle pour toute industrie qui va vite, chaque période d'une ou même deux années fera apparaître chez un même constructeur un nouveau type remplaçant le précédent, le fonctionnement des appareils actuels ne laisse plus guère à désirer.

Des installations de 100.000 kilowatts à 100.000 volts, qui hier encore semblaient impossibles, sont réalisées couramment aujourd'hui. Les interrupteurs qu'on a dû prévoir ont été étudiés d'après l'expérience acquise, et ont donné toute satisfaction, tant au point de vue de leur fonctionnement propre, qu'à celui de la répercussion de ce fonctionnement sur les machines commandées.

Il y a donc lieu de croire que les interrupteurs à huile actuels sont des types à peu près définitifs, qui ne varieront plus que par quelques détails, tant que l'énergie devra être canalisée dans des conducteurs métalliques, dont ils constituent les points d'interruption.

Classification

Pour ordonner cette étude, il nous faut adopter une classification, et nous étudierons successivement dans les chapitres suivants, très rapidement pour les premiers :

1º Le petit appareillage à basse tension, pour installations d'éclairage ;

2º Le moyen et gros appareillage à basse tension, pour éclairage et force motrice ;

3º Le gros appareillage, pour moyennes et hautes tensions.

CHAPITRE II

Petit appareillage pour installations
d'éclairage à basse tension

Nous examinerons très rapidement ce petit matériel qui est d'ailleurs bien connu, étant très répandu, sous une grande variété de formes, si nombreuses qu'il ne peut être question de les étudier en détail. Nous considérerons seulement quelques points généraux.

Sur le croquis ci-contre (fig. 1), qui indique schématiquement la disposition d'une installation d'éclairage moyenne, nous pouvons voir les divers appareils d'interruption qu'on y rencontre : coupe-circuit fusibles extérieurs de branchement F_2, interrupteur général bipolaire I_2, interrupteurs bipolaires de groupe i_2, interrupteurs unipolaires de lampes i_1, commutateurs spéciaux c, c_1, c_2, coupe-circuit fusibles unipolaires et bipolaires f_1 et f_2, limiteur de courant L.

Interrupteurs. — Les petits interrupteurs d'éclairage sont à peu près tous du type rond, manœuvrés par une clef tournée, soit seulement en avant et en arrière (type non rotatif), soit indéfiniment dans le même sens (type rotatif) ; d'autres, moins employés, sont à bascule, manœuvrés par un petit levier. Les interrupteurs bipolaires tels que $I_2 i_2$ se placent pour commander toute l'installation, ou à l'origine des dérivations de groupements importants ; les lampes sont en général commandées individuellement par des interrupteurs unipolaires tels que i_1.

La masse de l'interrupteur ainsi que la clef d'allumage sont en général en matière isolante (porcelaine, faïence, ébonite, clefs en corne, os ou porcelaine).

Les anciens interrupteurs avec couvercle et clefs métalliques ont été peu à peu proscrits, en raison des secousses désagréables qu'ils procurent souvent lors d'un contact à la masse, et même du danger qu'ils présentent lorsqu'il s'agit de courant alternatif à 250 et même 120 volts.

Les interrupteurs sont le plus souvent à double rupture brusque ; le contact s'établit, soit par petits balais, soit par lames rigides ou flexibles.

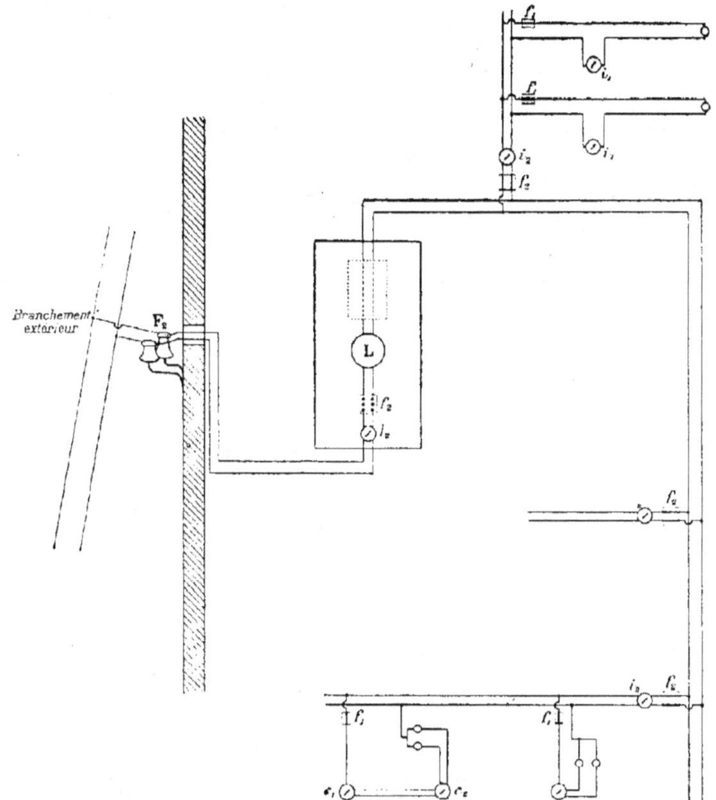

Fig. 1. — Exemple d'une installation d'éclairage moyenne.

En général, les contacts et sections des pièces sont établis pour supporter largement leur courant normal. Les principales causes de détérioration sont :

Echauffement des pièces par suite de mauvais contacts ;

Usure des pièces par les arcs de rupture ;

Desserrage des pièces après un certain service.

Les mauvais contacts sont dus à l'usure des surfaces frottantes, à un montage défectueux, à la mauvaise qualité du métal : le laiton plus dur et plus élastique est préférable au cuivre rouge. Les mauvais contacts échauffent quelquefois les interrupteurs d'une manière dangereuse, susceptible même de provoquer des incendies ; aussitôt qu'on s'aperçoit d'un tel échauffement, il y a donc urgence à remplacer l'interrupteur défectueux.

Les arcs de rupture sont d'autant plus forts et destructifs que l'intensité et le voltage sont plus élevés ; c'est pourquoi l'on voit souvent un même interrupteur marqué par le fabricant pour 4 ampères sous 125 volts ou 2 ampères sous 250 volts, par exemple.

Les arcs rongent le métal et amènent peu à peu les mauvais contacts.

La mise hors service prématurée d'un interrupteur par desserrage des pièces est assez fréquente ; elle provient d'un montage défectueux chez le fabricant ; elle ne prouve pas toujours que le système est mauvais, mais donne les mêmes désagréments que s'il l'était.

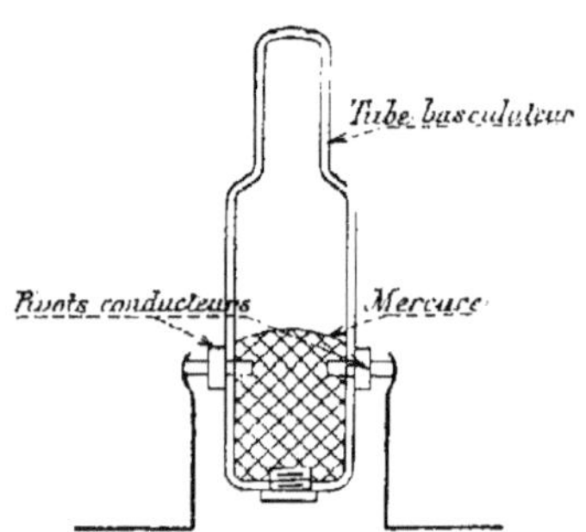

Fig. 2. — Interrupteur à mercure.

On a le plus souvent intérêt à ces divers points de vue à proscrire les appareils d'un excessif bon marché, qui sont toujours défectueux.

Un type spécial d'interrupteur est à mentionner : l'interrupteur basculateur avec contacts au mercure ; le croquis ci-dessus (fig. 2) indique son fonctionnement.

Outre sa simplicité, l'avantage principal de cet interrupteur réside dans la suppression de toute étincelle de rupture à l'air libre ; celle-ci s'opère dans le tube hermétiquement clos. Ce système se recommande donc particulièrement pour l'éclairage des lieux exposés à des gaz ou poussières inflammables ou explosibles.

Commutateurs. — Ce sont des interrupteurs qui permettent en outre diverses combinaisons de commodité pour l'allumage de lampes de divers points, successivement, partiellement, etc... Les dispositions les plus employées sont les suivantes (fig. 3) :

Schéma n° 1. — Commutateur à deux directions, sans plot mort, permettant d'allumer alternativement deux lampes (sans interruption), d'un même point.

Schéma n° 2. — Deux commutateurs à deux directions, sans plot mort, permettant d'allumer et d'éteindre une lampe de deux points différents.

Schéma n° 3. — Commutateur à deux directions, avec plot mort, permettant d'allumer et d'éteindre alternativement deux lampes, d'un même point ; il existe aussi des commutateurs à trois directions avec plot mort.

Schéma n° 4. — Commutateur de lustres, à plusieurs allumages, permettant d'allumer progressivement divers groupes de lampes et de les éteindre :
a) A deux allumages ;
b) A trois allumages.

Schéma n° 5. — Commutateurs à quatre directions, pour chambres d'hôtel, permettant d'allumer et d'éteindre alternativement deux lampes de deux points différents.

Schéma n° 6. — Commutateur rotatif pour mise en veilleuse, permettant de mettre deux lampes en veilleuse ou en éclairage normal, et de les éteindre.

Schéma n° 7. — Commutateurs de croisement, pour montées d'escaliers, corridors, qui, combinés avec deux commutateurs à deux directions, sans plot mort, permettent d'allumer ou d'éteindre une lampe ou un groupe de lampes, de plusieurs points différents.

Bien d'autres combinaisons peuvent être réalisées avec les commutateurs à plots multiples que l'on trouve dans le commerce.

Coupe-circuit fusibles. — Les coupe-circuit fusibles interrompent

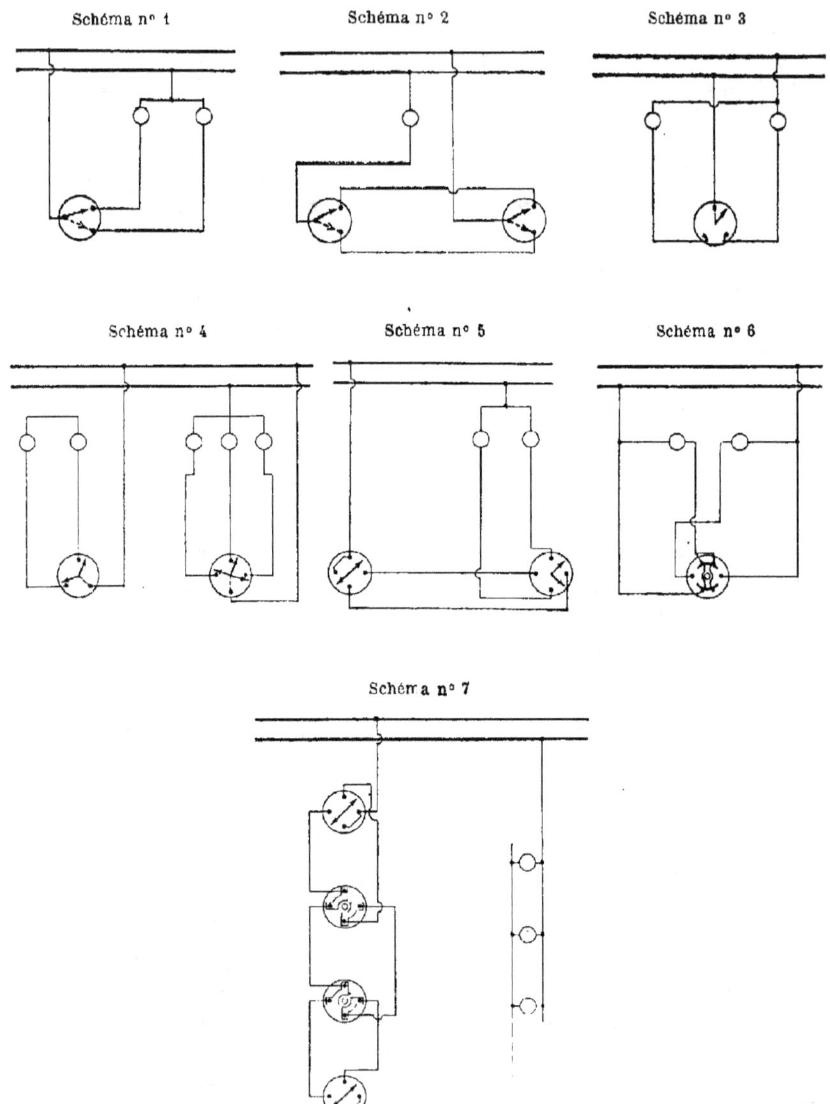

Fig. 3. — Commutateurs. Combinaisons diverses.

automatiquement le courant sur une section où s'est produit un court-circuit ou une surcharge accidentelle, au moyen d'un fil fusible qui s'échauffe jusqu'à la fusion, sous l'effet du courant exagéré.

Ce sont les plus anciens des moyens de sûreté employés pour protéger les installations ; ils ont été perfectionnés pour les grosses installations à basse tension, remplacés avantageusement par des disjoncteurs pour celles-ci et surtout pour celles à haute tension, mais sont toujours employés pour les petites installations d'éclairage et les petits moteurs, et l'on peut dire d'ailleurs que c'est là qu'ils fonctionnent de la façon la plus satisfaisante et la plus régulière.

A l'entrée de l'installation (petit tableau général), il faut un fusible sur chaque fil d'amenée de courant (coupe-circuit bipolaires et tripolaires). Toutefois, dans le cas bien connu des installations à trois fils, continu ou alternatif, dont l'un est fil neutre ou d'équilibre, on sait qu'il ne faut pas mettre de fusible sur ce conducteur neutre.

A l'origine de chaque dérivation importante, il faudra également un coupe-circuit bipolaire ; il est bon que chaque lampe soit, en outre, individuellement protégée par un fusible unipolaire.

Ces coupe-circuit fusibles ont alors une double utilité :

1º Empêcher qu'un courant exagéré détériore les appareils de contrôle (limiteur, compteur) de l'installation ;

2º Eviter que le même courant, en se maintenant, n'échauffe les fils conducteurs au point de provoquer des incendies.

Ils sont donc indispensables, et l'on ne saurait trop veiller à un soigneux calibrage de ces fusibles, ainsi qu'interdire leur remplacement provisoire par des fils non fusibles, sous prétexte que l'on manque momentanément du fil fusible nécessaire.

Il ne faut pas non plus que ces fusibles, en fonctionnant, puissent mettre le feu aux boiseries ou matières inflammables voisines ; pour cela le fusible doit toujours être enfermé par un couvercle, qu'il s'agisse de coupe-circuit ronds ou à tabatière, ou de bouchons à vis Edison.

En général, pour faciliter le remplacement des fusibles fondus, la pièce du coupe-circuit qui les porte est amovible.

Le serrage du fil fusible sous les vis de contact doit être bien fait, pour éviter des fusions intempestives dues à de mauvais contacts.

Le métal fusible employé pour les installations d'éclairage est le plomb fusible (alliage plomb-étain).

Limiteurs de courant. — Nous citerons en passant, pour mémoire, les appareils dits « limiteurs de courant », qui remplacent les compteurs dans les installations où la consommation est « à forfait », pour assurer le respect du « forfait » convenu, en coupant ou troublant le fonctionnement de l'installation dès que la consommation dépasse une certaine limite.

Parmi ces appareils, dont existent de nombreux systèmes, les uns coupent totalement le courant lorsque la limite est dépassée, et obligent l'abonné à le rétablir lui-même, les autres produisent des fluctuations dans la lumière par des extinctions répétées, plus ou moins rapides, qui ont lieu tant que la consommation dépasse la valeur fixée.

Les ruptures se font, soit dans un godet de mercure, soit entre pièces facilement remplaçables.

Tous ces appareils sont à fonctionnement électromagnétique ; il en existe aussi de thermiques, mais qui ont eu peu de succès.

Le meilleur système de limiteur serait celui qui couperait le courant ou le réduirait tant que le nombre de lampes allumées serait trop fort, pour le rétablir automatiquement dès que les lampes en excès auraient été éteintes. Un tel système, s'il existe, n'est pas encore couramment employé.

Les limiteurs de courant doivent être simples, robustes, sensibles aux faibles dépassements, peu sensibles aux variations de tension, exiger peu d'entretien, être facilement réglables, et être construits de telle sorte qu'un abonné mal intentionné ne puisse le mettre hors service en le faisant fonctionner quelque temps sous de fortes surcharges.

Allumeurs-extincteurs automatiques. — Pour terminer l'énumération de ce petit appareillage, nous signalerons encore ici les allumeurs-extincteurs automatiques qui, par un mécanisme d'horlogerie, allument et éteignent des circuits de lampes à des heures déterminées, variables à volonté.

Ces appareils qui suppriment une main-d'œuvre coûteuse pour ce service, et fonctionnent rigoureusement aux heures voulues, sont employés surtout dans les réseaux de distribution ruraux et urbains, pour les circuits d'éclairage public ou analogues. Ce sont des appareils réellement intéressants.

CHAPITRE III

Moyen et gros appareillage à basse tension
pour lumière et force motrice

Nous étudierons dans ce chapitre l'appareillage à basse tension (100 à 500 volts) employé dans les grosses installations d'éclairage et surtout pour la force motrice, distribution centrale des réseaux, etc. Il s'agit donc là d'appareils ayant à supporter des intensités de 10 à 2.000, et même 3.000 ampères.

Sur la figure ci-contre (fig. 4), les schémas 1, 2 et 3 représentent quelques dispositions de distribution comprenant les divers appareils interrupteurs, coupe-circuit fusibles, disjoncteurs, sectionneurs, commutateurs.

Schéma I. — ALIMENTATION D'UNE DISTRIBUTION D'ÉCLAIRAGE ET DE FORCE MOTRICE D'USINE EN TRIPHASÉ. — Le transformateur, protégé du côté haute tension par un interrupteur automatique, l'est aussi du côté basse tension par des coupe-circuit fusibles généraux F comme sécurité supplémentaire. Un interrupteur général I à rupture brusque alimente les barres ou câbles principaux de distribution.

Pour les gros moteurs, un interrupteur-disjoncteur *d* à maxima et minima.

Des couteaux sectionneurs C permettent d'isoler le tableau du moteur pour le contrôle et l'entretien des appareils.

Pour les petits moteurs, un simple interrupteur *i* à rupture brusque, avec coupe-circuit fusible *f*.

Schéma II. — RÉSEAU DE DISTRIBUTION DE VILLAGE, PAR EXEMPLE, EN TRIPHASÉ AVEC FIL NEUTRE. — Disposition assez avantageuse : le transformateur (en étoile au secondaire) alimente la force motrice sous 200 volts, et la lumière sous 115 volts (entre conducteurs de phase et neutre).

Le transformateur, protégé du côté haute tension par un interrup-

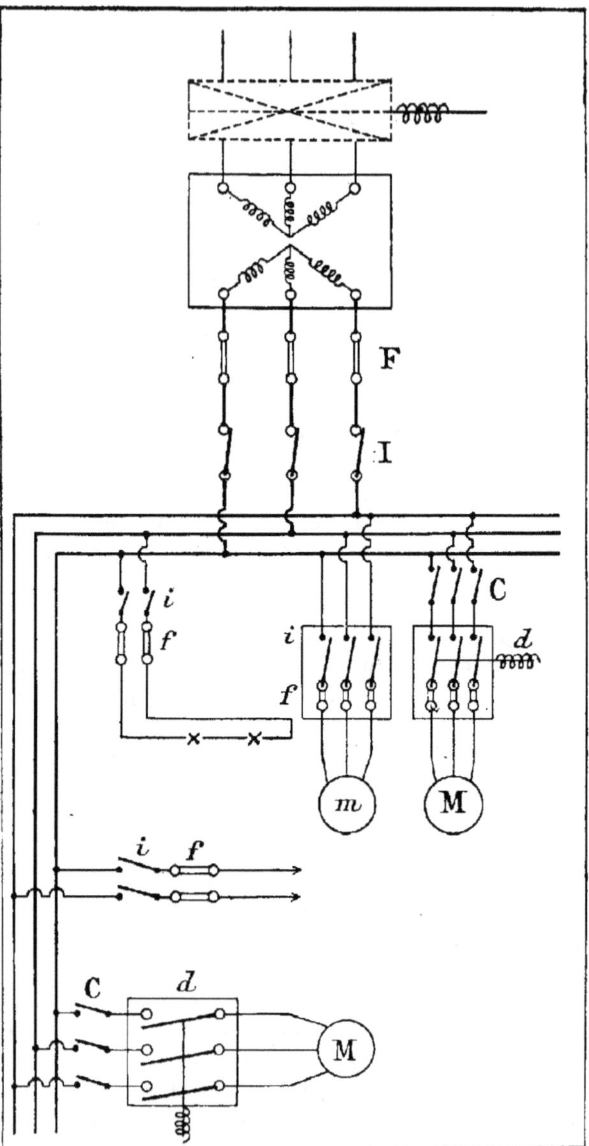

Fig. 4. — Schéma nº 1. — Alimentation en triphasé d'un réseau intérieur
de grosse et petite force motrice et d'éclairage.

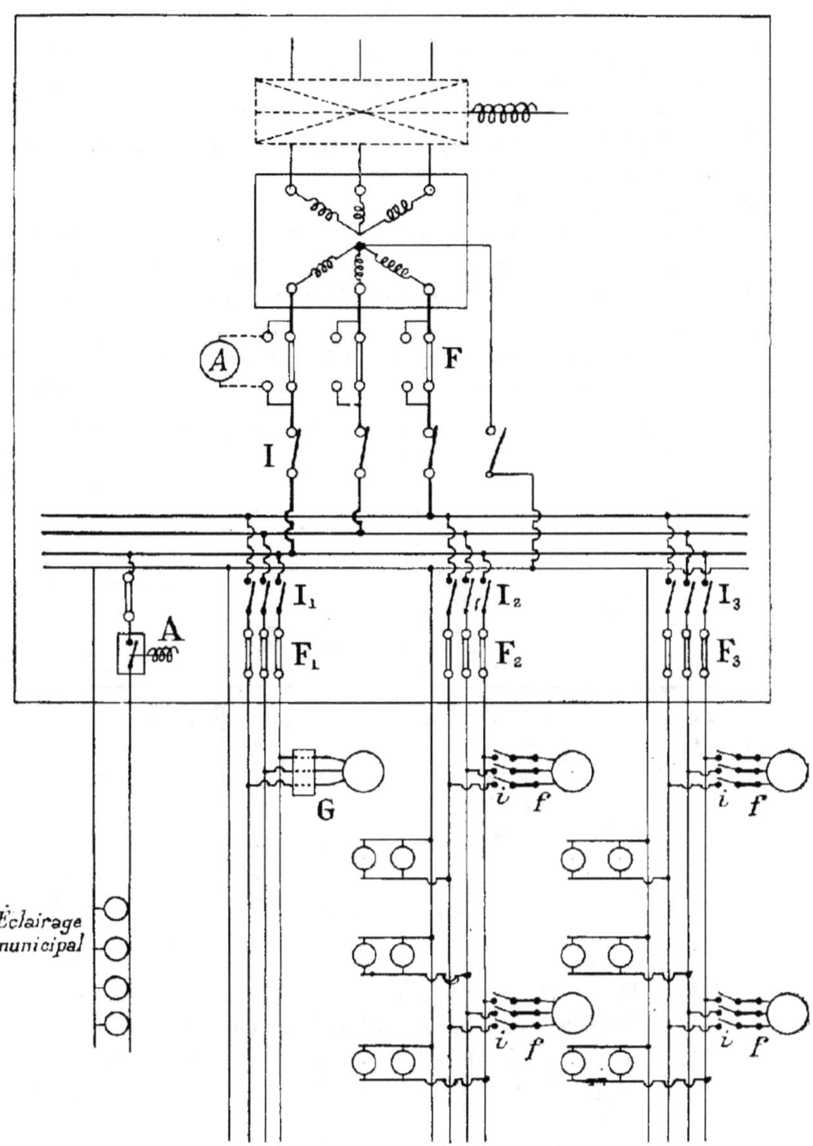

Fig. 4. — Schéma n° 2. — Alimentation d'un réseau communal d'éclairage
et force motrice en triphasé avec neutre.

teur automatique ou par des fusibles HT, l'est aussi du côté basse tension par les coupe-circuit fusibles généraux F (le schéma indique pour F des doubles bornes permettant d'insérer un ampèremètre pour vérifier l'équilibrage de charge des trois phases ; opération que l'on doit faire la nuit). Il n'y a nulle part, bien entendu, de fusibles sur le conducteur neutre.

L'interrupteur général tripolaire ou tétrapolaire I alimente les barres omnibus du petit tableau de distribution, d'où partent les différents feeders commandés individuellement par leurs interrupteurs à rupture brusque et à coupe-circuit fusibles I_1, F_1, I_2, F_2, etc.

Un allumeur-extincteur automatique A commande le circuit d'éclairage municipal. Sur le réseau, les petits moteurs sont commandés par des interrupteurs et coupe-circuit fusibles i-f et par des disjoncteurs à maxima et minima pour les gros moteurs.

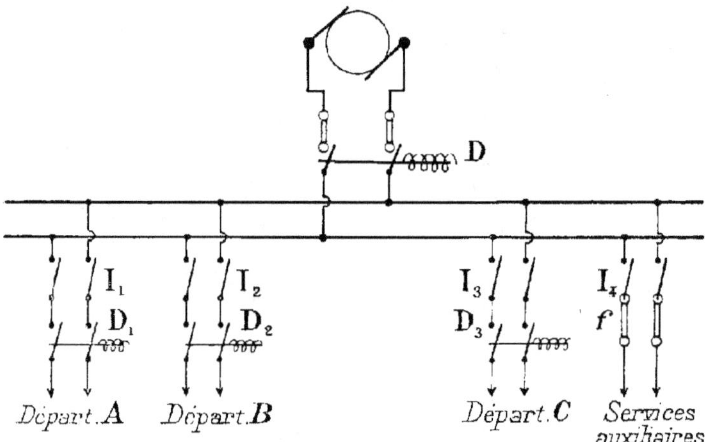

Fig. 4. — Schéma n° 3. — Réseau à courant continu.

Schéma III. — RÉSEAU À COURANT CONTINU. — D disjoncteur automatique général, D_1, D_2, D_3 disjoncteurs des différents départs, I_1, I_2, I_3 interrupteurs à rupture non brusque, de sectionnement.

Même observation pour les interrupteurs des appareils récepteurs de la distribution.

Disons quelques mots, maintenant, des différents appareils d'interruption qui entrent en jeu dans ces installations.

Interrupteurs. — Il y a ici à faire une distinction entre les appareils suivants :

1º *Les interrupteurs sectionneurs,* appelés aussi *coupures* ou *couteaux de sectionnement,* qui sont insérés séparément sur chaque conducteur (unipolaires) et ne doivent être manœuvrés que lorsque l'intensité qui les parcourt est nulle ou à peu près ; ils sont simplement prévus pour supporter l'intensité maximum, sous la tension considérée.

Leur utilité, pour la basse tension, est d'isoler des sources de courant, certains circuits ou portions de circuits sur lesquels on a à travailler, sans être obligé de détacher des câbles pour cela.

Ces appareils, qui sont les plus simples des appareils d'interruption, seront étudiés plus en détail à propos de l'appareillage à haute tension ;

2º *Les interrupteurs uni* ou *multipolaires* qui, employés généralement sur les tableaux de distribution des postes ou stations centrales, remplissent un peu le même rôle que les précédents, c'est-à-dire ne canalisent le plus souvent que peu ou pas de courant lorsqu'on les manœuvre, mais peuvent, exceptionnellement, couper l'intensité de pleine charge ; ils diffèrent des précédents en ce que les coupures des conducteurs de polarité différente sont rendues solidaires et manœuvrées simultanément à l'aide d'une poignée isolante.

Ce sont en somme des interrupteurs à rupture non brusque ;

Fig. 5. — Série d'interrupteurs de la Société de Constructions Électrique sde Delle (Procédés Sprecher et Schuh).

3º Les *interrupteurs* proprement dits, les plus généralement employés dans les installations génératrices, comme chez les consommateurs de courant, et qui doivent pouvoir couper à vide, en pleine charge ou même en surcharge le courant qu'ils canalisent.

A quelles conditions doivent répondre ces différents appareils ?

Ils doivent tous être mécaniquement très robustes, et ne pas chauffer lorsqu'ils sont parcourus en permanence par l'intensité maximum pour laquelle ils sont prévus.

Enfin, ils doivent être capables de couper le courant maximum, exceptionnellement pour les seconds, et d'une façon répétée pour les derniers, sans laisser s'établir d'arcs permanents, et sans être détériorés par les arcs de rupture.

La condition de robustesse est essentielle, surtout pour les moyens et petits interrupteurs destinés le plus souvent aux employeurs d'énergie électrique, chez lesquels ils sont manœuvrés très souvent et sans ménagement par toutes les mains.

La robustesse est réalisée d'elle-même dans les gros interrupteurs destinés en général aux stations, postes ou gros clients d'énergie. Les dimensions des pièces, moyens de fixation et de manœuvre y sont toujours calculés largement, et, au surplus, ils sont toujours manœuvrés par des personnes plus compétentes, et aussi plus rarement.

Les bons interrupteurs, de tous calibres, doivent pouvoir fonctionner fréquemment, pendant plusieurs années, sans nécessiter de réparations mécaniques.

La partie souvent la moins satisfaisante, surtout dans les gros interrupteurs dont le maniement demande de grands efforts, est la poignée de manœuvre, ainsi que la barrette réunissant les leviers dans les interrupteurs multipolaires. Ces pièces isolantes (bois, ébonite, fibre, gaïac, porcelaine) n'ont pas une grande résistance mécanique, aussi doivent-elles être largement dimensionnées; pour les gros interrupteurs, des dispositions spéciales (manœuvre à deux mains) sont adoptées dans cet ordre d'idées.

La condition d'échauffement est aussi très importante pour la durée des interrupteurs. L'échauffement peut se produire par l'insuffisance de section des pièces métalliques conductrices, mais surtout par contacts insuffisants. Le calcul des sections est facile et est toujours fait largement, afin que l'échauffement par effet Joule y soit négligeable et que les pièces conductrices puissent ainsi plus efficacement contribuer à dissiper la chaleur dégagée dans les contacts, qui constituent un point éminemment délicat, dans le calcul et la réalisation des interrupteurs.

Ceci s'applique évidemment aux interrupteurs pour moyennes et fortes intensités, car ceux affectés aux petites intensités sont moins sujets à l'échauffement, même lorsque les contacts y sont défectueux.

La réalisation de tous contacts est obtenue, soit par une lame s'introduisant à frottement doux entre des pinces plates *formant*

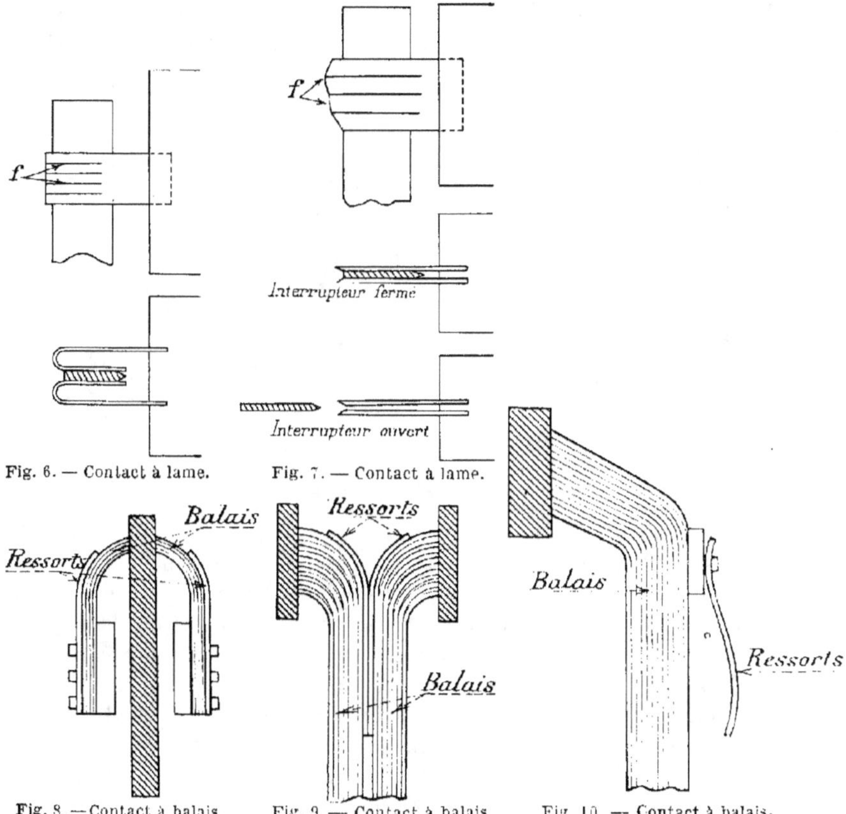

Fig. 6. — Contact à lame.   Fig. 7. — Contact à lame.

Fig. 8. —Contact à balais.   Fig. 9. — Contact à balais.   Fig. 10. — Contact à balais.

ressort pour s'appliquer le mieux possible sur les faces de la lame (fig. 5, 6 et 7), lesquelles sont divisées par des fentes *f* pour favoriser l'application plus exacte des faces l'une contre l'autre, soit par des balais constitués par des lames minces et flexibles assemblées, et qui appuient par leur extrémité bien dressée sur la face plane d'un plot de contact ou d'une lame (voir fig. 8, 9 et 10).

Le contact s'établit, à la fermeture de l'interrupteur, soit par glissement tangentiel du balai sur le plot, soit par application normale. Dans le premier cas la pression du balai sur le plot est réalisée par des ressorts qui agissent sur l'ensemble des lames flexibles ; dans le deuxième cas, la pression normale du balai sur le plot est obtenue par l'emploi de cames excentriques ou leviers coudés qui assurent l'enclenchement (surtout dans le cas des disjoncteurs) (fig. 11).

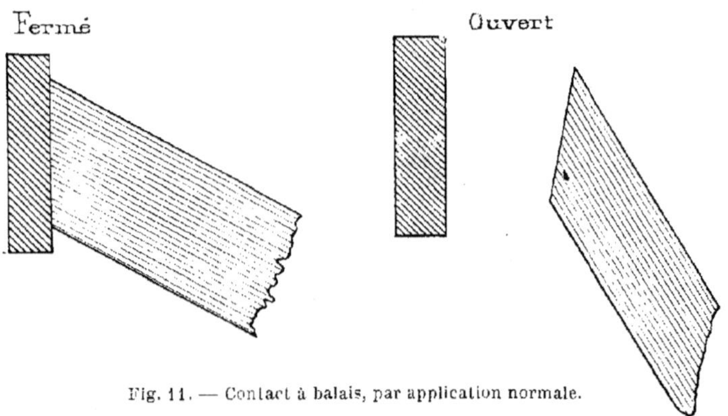

Fig. 11. — Contact à balais, par application normale.

Il est évident que le contact par balais est bien meilleur que le contact par pinces plates, car dans le premier, au moment de la fermeture, les lames appuient successivement et toutes sur la surface du plot, étant élastiques et dans une certaine mesure indépendantes les unes des autres, tandis que dans le second cas, malgré la précaution que l'on prend de diviser les pinces par des fentes, on n'obtient pas exactement le parallélisme absolu de toutes les surfaces devant faire contact. Aussi les interrupteurs pour fortes intensités sont-ils généralement à balais, demandant un moindre encombrement, puisqu'on peut y admettre des *densités de courant au contact* beaucoup plus fortes.

On admet de 2 à 4 millimètres carrés par ampère pour les contacts à balais, et de 8 à 15 millimètres carrés par ampère pour les contacts à lames simples.

L'action de la pression sur la valeur des contacts est évidente ; elle agit en appliquant plus intimement les surfaces l'une contre l'autre. On a même essayé des surfaces rendues grenues (au moyen d'une machine à jet de sable, par exemple) qui ont donné, paraît-il, de meilleurs résultats.

On recommande l'emploi des contacts cuivre-laiton, par exemple pinces de laiton, lame de cuivre rouge. Les pinces ne doivent pas être en cuivre rouge, métal trop mou et peu élastique, qui se déformerait en peu de temps.

On améliore le fonctionnement d'interrupteurs qui, en pleine charge, s'échauffent un peu trop, en graissant légèrement les surfaces de contact avec une trace de vaseline. Une telle pratique peut sembler illogique, ce produit n'étant pas réputé comme très conducteur, mais il doit être décomposé par la chaleur et donner un résidu de carbone conducteur, assurant une plus grande intimité des contacts. Ceux-ci doivent être soigneusement abrités ou nettoyés des poussières. La condition d'aptitude à l'interruption du courant est obtenue à l'aide de dispositifs de rupture brusque, et par la localisation des effets destructifs inévitables de l'arc sur des pièces auxiliaires et facilement remplaçables.

L'arc qui se produit à la rupture est d'autant plus fort que l'intensité et la tension sont plus élevées ; si le circuit dont l'interrupteur coupe le courant comporte de la self-induction, l'arc sera d'autant plus considérable, puisque la rupture engendre une surtension. Nous verrons plus loin à propos des interrupteurs d'excitation quelles précautions on doit prendre dans ce cas.

Les effets destructifs de l'arc sont d'autant plus prononcés que l'arc se prolonge plus longtemps ; c'est pourquoi les interrupteurs sont munis du dispositif de rupture brusque : à l'ouverture, un ressort rappelle brusquement la lame ou le balai de contact (fig. 12).

La disposition doit être telle que le courant ne puisse passer par le ressort r, qui perdrait vite son élasticité ; il faut éviter aussi de faire passer le courant par le pivot c ; dans ce but, il y a deux plots de contact distincts a et b. Toutefois, on ne prend pas toujours cette précaution ; il existe alors en c un dispositif de serrage fort et élastique. Pour les très gros

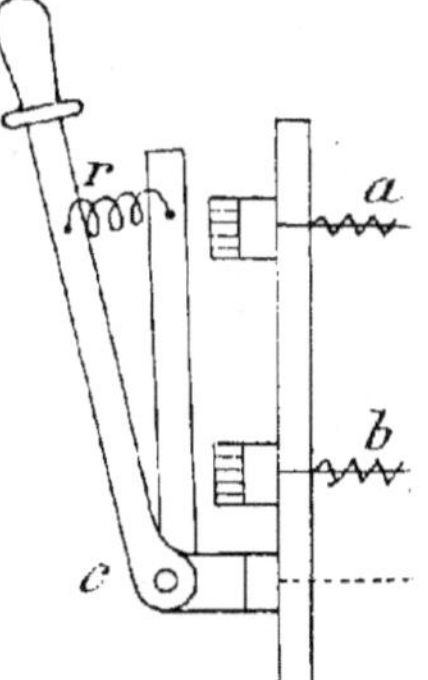

Fig. 12. - Interrupteur à rupture brusque.

interrupteurs, les contacts peuvent quelquefois être serrés à la main après chaque fermeture par des volants de serrage (fig. 13).

La figure 14 représente un interrupteur dans lequel la rupture s'effectue par un galet pare-étincelles sur le champ de la lame, hors du contact normal.

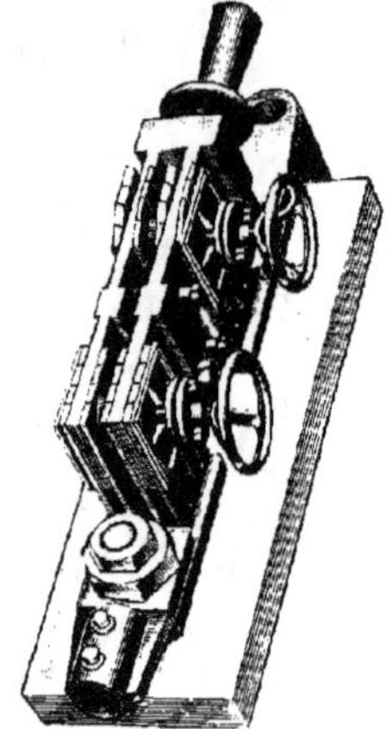

Fig. 13. — Interrupteur Maljournal-Bourron.

La figure 15 représente un interrupteur tripolaire (200 volts-1.200 ampères) construit par la Société Oerlikon.

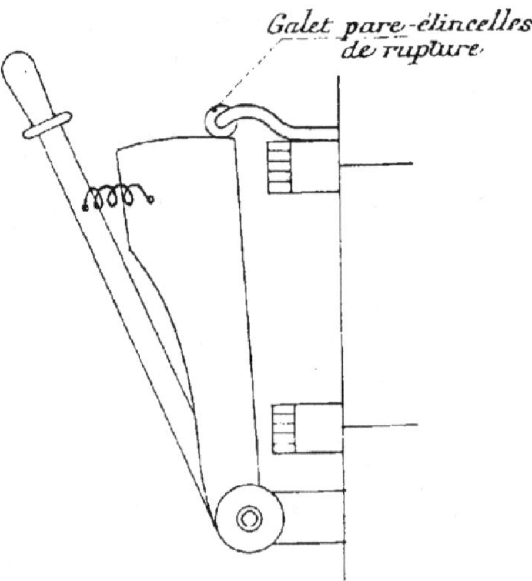

Fig. 14. — Interrupteur à rupture brusque.

Lorsque les interrupteurs sont manœuvrés par un personnel électricien comme dans les stations centrales, les interrupteurs sans rupture brusque peuvent servir aussi bien, puisque la rapidité de rupture peut être obtenue à la main, par une manœuvre rapide ; d'ailleurs, là, l'entretien des contacts en bonne forme y est toujours maintenue soigneusement.

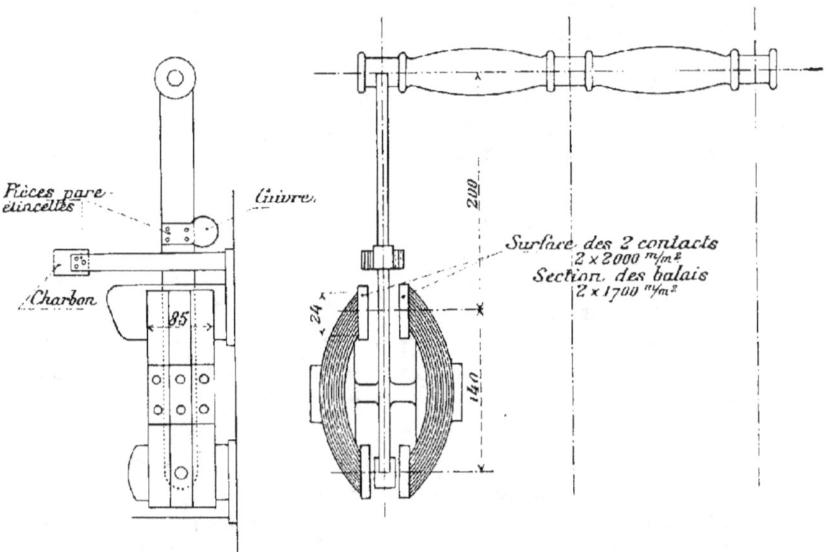

Fig. 15. — Interrupteur tripolaire 1.200 ampères. — Société Œrlikon.

Disjoncteurs. — Ce sont des interrupteurs perfectionnés, qui répondent à toutes les conditions précitées, et, en outre, coupent le courant automatiquement dans les cas suivants :

1º Surcharge exagérée (disjoncteurs à maxima, à action immédiate ou plus ou moins retardée) ;

2º Arrêt de courant, manque de voltage (disjoncteurs à minima ou à tension nulle) ;

3º Dans les deux cas ci-dessus (disjoncteurs à maxima et à minima).

Dans les disjoncteurs à maxima, un électro parcouru par le courant principal ou par une partie qui lui est proportionnelle provoque le déclanchement de l'interrupteur en agissant par son noyau sur le système d'encliquetage, lorsque l'intensité dépasse une valeur déterminée. Le point de déclanchement de cet électro peut être réglé à volonté et avec précision. Son action peut aussi être retardée par un système spécial retardateur ; ce retard peut être réglé également. Il a pour but d'empêcher le déclanchement immédiat pour une surcharge qui ne dure pas.

Les disjoncteurs à maxima coupant le courant en surcharge, il importe qu'ils soient munis de pare-étincelles efficaces.

Dans les disjoncteurs à minima, un électro, parcouru par le courant principal ou une fraction proportionnelle, maintient l'interrupteur enclanché tant que ce courant ne descend pas au-dessous d'une valeur déterminée, et provoque le déclanchement dès que l'intensité devient trop faible ; ils peuvent être employés, par exemple, dans le cas d'une dynamo chargeant une batterie d'accumulateurs.

Dans les disjoncteurs à *tension nulle* ou *pour manque de voltage*, un électro, branché en dérivation aux bornes du récepteur alimenté, laisse l'interrupteur enclanché tant que la tension est normale, et l'ouvre dès qu'elle descend au-dessous d'une valeur déterminée ou devient nulle. Ils s'emploient par exemple dans le cas de l'alimentation d'un gros moteur, à courant continu ou alternatif, pour le protéger contre un arrêt accidentel du courant du réseau, suivi d'un rétablissement brusque de ce courant, qui le ferait démarrer sans ses résistances de démarrage, d'où de graves détériorations pourraient survenir.

Les disjoncteurs à maxima remplacent avantageusement les coupe-circuit fusibles, d'un fonctionnement toujours incertain, et à l'encontre de ceux-ci peuvent être réglés avec précision.

Ils servent d'ailleurs d'interrupteur à main, et ainsi sont bien préférables, surtout pour les gros moteurs ou groupes de consommation, à l'ensemble interrupteur simple à coupe-circuit fusibles ; après avoir fonctionné sur une surcharge, le disjoncteur est prêt à être refermé immédiatement, alors que le remplacement d'un fusible demande un certain temps.

Les disjoncteurs à maxima comportent un ou deux électros lorsqu'il s'agit de courant continu ou alternatif monophasé, deux ou trois électros lorsqu'il s'agit de courant triphasé.

Un dispositif intéressant est à signaler : c'est celui du disjoncteur tripolaire Choulet, construit par la Société Industrielle des Téléphones (fig. 19).

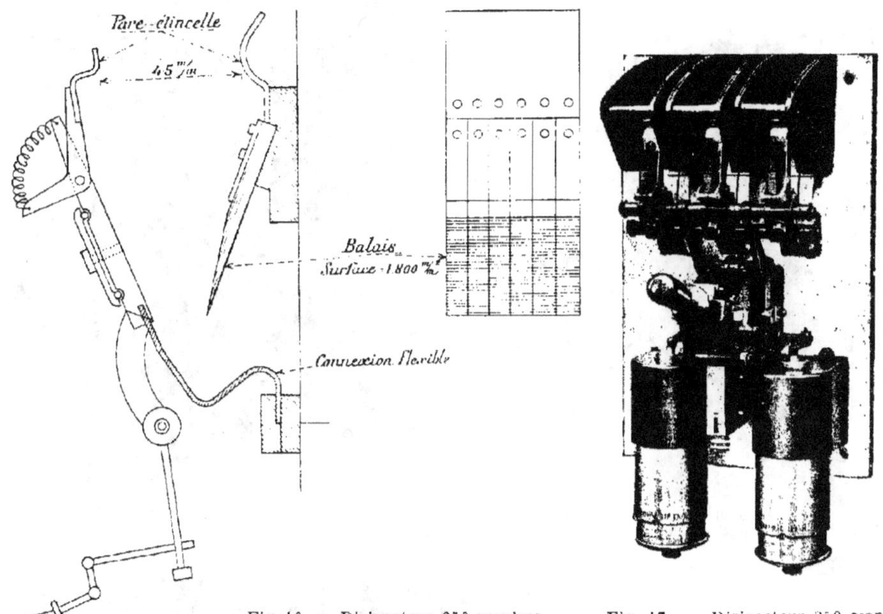

Fig. 16. — Disjoncteur 250 ampères, 200 volts. — Société Œrlikon.

Fig. 17. — Disjoncteur 250 ampères, 200 volts. — Société Œrlikon.

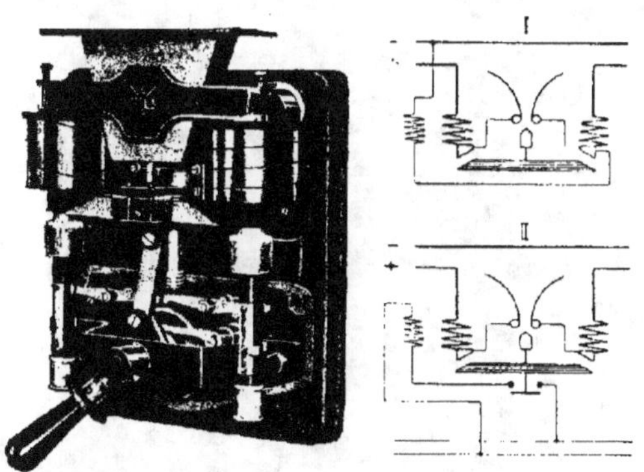

Fig. 18. — Disjoncteur à maxima et minima.
Ateliers de Constructions Électriques de Delle (Procédés Sprecher et Schuh).

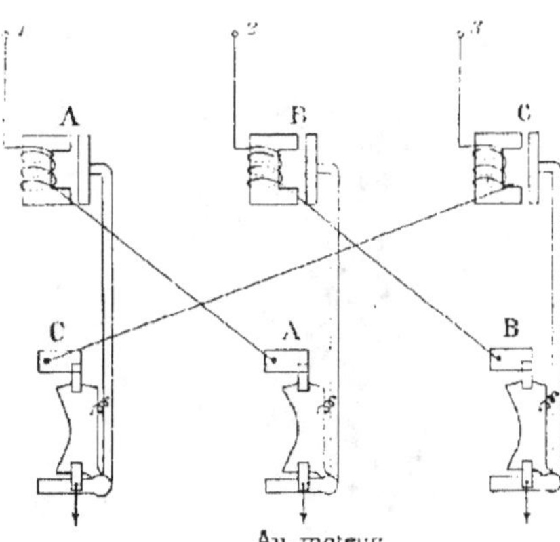

Fig. 19. — Dispositif Choulet.

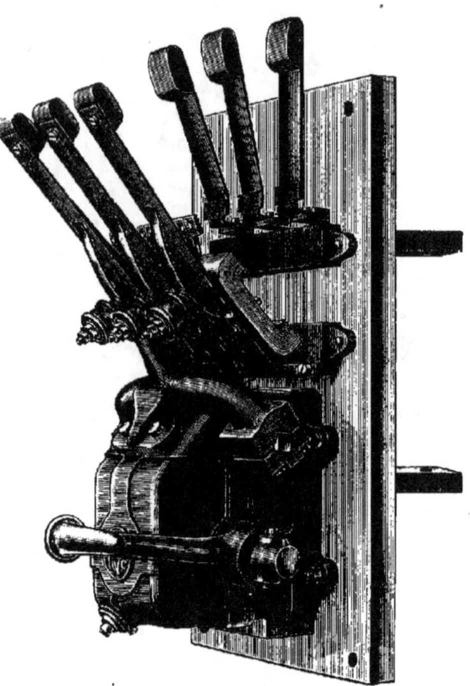

Fig. 20. — Disjoncteur type Tramway. —
Société Industrielle des Téléphones.

Fig. 22. — Disjoncteur « Carter » type Nord-Sud de
Paris. — Vedovelli et Priestley.

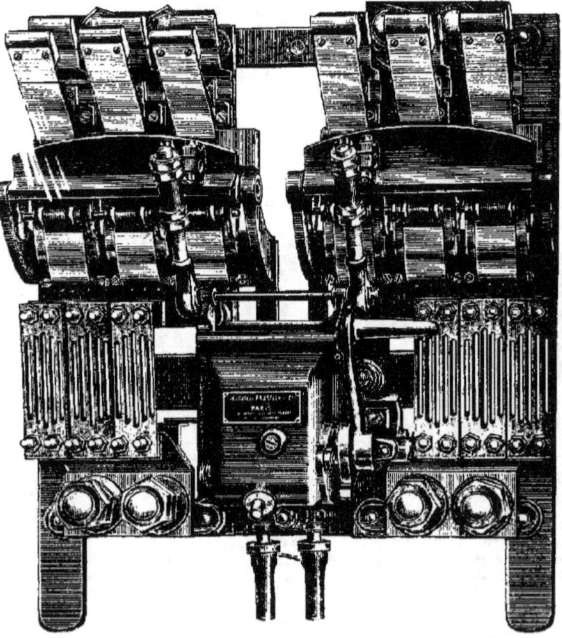

Fig. 21. — Disjoncteur
G.-B. — Société Industrielle des
Téléphones.

Fig. 23. — Disjoncteur type « Marine ». — Vedovelli et Priestley.

C'est un disjoncteur à minima fonctionnant de la façon suivante :
les trois couteaux sont indépendants mécaniquement ; si le courant
vient à manquer sur une phase, les trois interrupteurs s'ouvrent
successivement, ainsi que le schéma le montre clairement.

Si le courant manque totalement, les trois couteaux s'ouvrent
ensemble. En adjoignant à ce système un fusible sur une seule des
phases, l'appareil fonctionne à la fois à maxima et à minima.

En somme, ce système n'a pas une supériorité marquée sur les
dispositifs ordinaires précités.

Ces disjoncteurs sont en général établis de telle sorte que l'on ne
puisse les maintenir fermés tant que la cause qui les a fait fonctionner
subsiste.

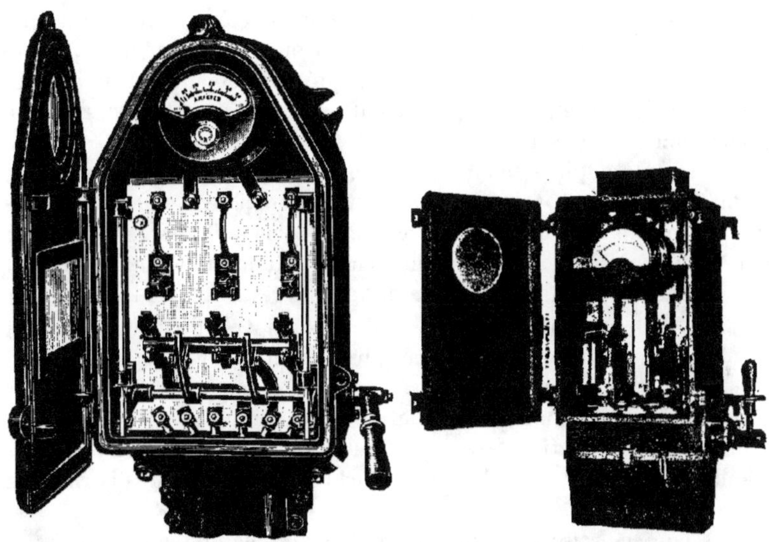

Fig. 24. — Coffret de branchement
Maljournal-Bourron.

Fig. 25. — Coffret des Ateliers de Constructions Électriques de Delle (Procédés Sprecher
et Schuh).

Coupe-circuit fusibles. — Les coupe-circuit sont les premiers
appareils de sécurité que l'on ait songé à employer pour protéger les
circuits contre les surcharges ou courts-circuits. Ce sont les plus simples
et aussi les plus économiques, mais la trop grande irrégularité de leur
fonctionnement, surtout lorsqu'il s'agit d'intensités un peu fortes, leur
a fait préférer de beaucoup les disjoncteurs à maxima, d'un fonctionne-

ment plus précis, et les coupe-circuit fusibles à basse tension ne sont plus guère employés de nos jours que pour les petits moteurs ou petites installations pour lesquels l'achat d'un disjoncteur serait trop onéreux.

Les coupe-circuit fusibles ont en effet les inconvénients suivants :

Leur échauffement et le temps qu'ils mettent pour fondre dépendent de circonstances variables : température ambiante, refroidissement par les points d'attache, qui rendent tout réglage sérieux impossible.

Lorsqu'il s'agit de grosses intensités, il arrive souvent qu'un contact imparfait aux points d'attache les fait sauter intempestivement.

Ils peuvent détériorer les objets avoisinants par projection de métal fondu.

Leur remplacement demande souvent beaucoup de temps.

Néanmoins, la construction des coupe-circuit a fait quelques progrès et on les emploie encore beaucoup même pour les fortes intensités, ne fût-ce qu'à titre de sécurité supplémentaire, auquel cas ils sont calculés largement pour n'entrer en activité qu'en cas de non fonctionnement des disjoncteurs.

Le métal employé comme fusible doit avoir une conductibilité suffisante pour ne pas nécessiter de grosses sections donnant lieu à des volatilisations considérables ; à ce point de vue le fil d'argent convient très bien, mais il coûte cher ; le zinc et l'aluminium sont également satisfaisants ; l'alliage plomb-étain, qui est très employé, l'est aussi.

Le métal ne doit pas dégager de vapeurs conductrices pouvant prolonger la durée des arcs de rupture ; enfin, il ne doit pas s'altérer. Le fer s'oxyde trop facilement, le cuivre dégage des vapeurs très conductrices. L'aluminium est le métal qui convient le mieux : il a une bonne conductibilité, ne s'altère pas, ne donne pas de vapeurs conductrices, enfin ne tache pas le marbre des tableaux de distribution en fondant.

Les coupe-circuit doivent être établis de telle manière que l'arc ne reste pas amorcé après la fusion ; on y arrive en adoptant une distance suffisante entre les points d'attache.

Ils ne doivent pas se détériorer ni détériorer les objets voisins lors de leur fonctionnement ; à cet effet, en prévoyant une distance assez longue entre points d'attache, la fusion se localise au milieu du fusible et épargne les pièces de fixation ; en outre, en interposant une feuille de mica entre le fusible et le tableau, on évite que les fusions violentes ne fendent les marbres ou brûlent le bois.

Les fusibles doivent enfin être facilement remplaçables ; à ce point de vue, les coupe-circuit à barrettes amovibles sont des plus pratiques ; l'électricien peut les remplacer tout à son aise, et, au surplus, on peut du reste en tenir prêts de rechange ;

On emploie depuis quelque temps des coupe-circuit qui possèdent tous ces avantages : les coupe-circuit du type « cartouche » dont le fusible est enfermé dans un tube isolant et entouré de matière (talc, amiante, etc.) destinée à étouffer l'arc et empêcher les projections de métal ; en outre le fusible étant à l'abri de l'air ambiant, sa fusion s'opère avec plus de précision ; la cartouche amovible ainsi constituée, terminée à ses extrémités par des pièces de contact, est introduite entre les pinces du coupe-circuit ; le remplacement est donc instantané, et les cartouches de différents calibres sont rendues ininterchangeables par leurs dimensions différentes.

Dans le cas des coupe-circuit ordinaires de tableau, l'emploi d'écrous à oreilles permettant le serrage des fusibles à la main permet d'accélérer le remplacement de ceux-ci.

Commutateurs. — Lorsqu'il s'agit seulement d'alimenter un appareil par deux sources différentes, ou de lancer le courant d'une source dans deux directions différentes, on emploie les commutateurs à leviers à deux directions, bien connus, pouvant se fermer sur deux jeux de pinces situés de part et d'autre des pivots des leviers.

Ces mêmes appareils peuvent servir également, par des croisements de connexions, à inverser l'arrivée du courant dans un appareil récepteur (moteur ou autre) ; ce sont alors des commutateurs inverseurs.

Quand il s'agit de plus de deux directions, on emploie alors les commutateurs rotatifs à balais et plots multiples.

INTERRUPTEURS SPÉCIAUX

Nous citerons, pour terminer, les quelques appareils spéciaux suivants :

Interrupteurs démarreurs. — Constitués comme l'indique le croquis (fig. 26) ci-après ; le levier établit les contacts successivement dans les chapes de différentes longueurs, sans interruption. Ces appareils jouent en somme, avec plus de simplicité, le rôle de commutateurs à plusieurs directions.

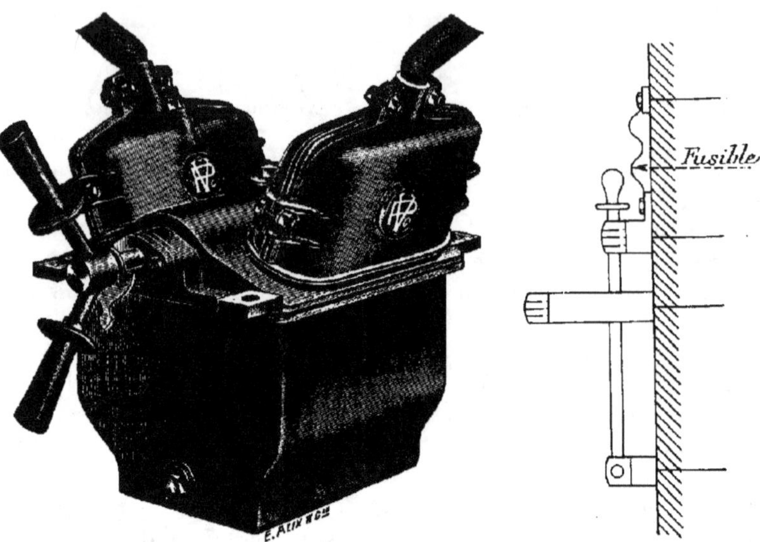

Fig. 28. — Interrupteur à huile, pour mines. — Vedovelli et Priestley.

Fig. 27. — Interrupteur-dé-marreur Maljournal et Bourron.

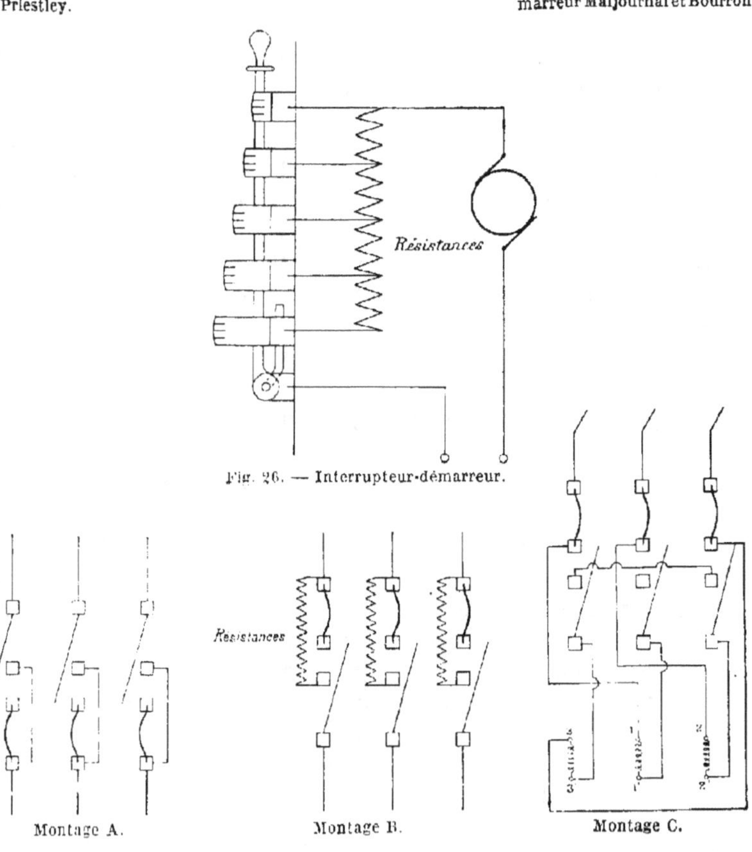

Fig. 26. — Interrupteur-démarreur.

Interrupteurs pour démarrage de petits moteurs asynchrones à induit en court-circuit. — Ces moteurs absorbent au démarrage une intensité très forte, quelquefois le triple de l'intensité normale, de telle sorte qu'on est conduit, avec les interrupteurs ordinaires, à donner aux coupe-circuit fusibles une forte section pour les empêcher de fondre lors des démarrages ; ces fusibles perdant de ce fait toute leur efficacité. La Maison Maljournal et Bourron préconise pour éviter cet inconvénient un interrupteur spécial (voir fig. 27).

Chacun de ses pôles comporte un couteau qui s'enclanche successivement dans deux pinces de longueur différente ; la première, la plus longue, n'établit le contact que dans sa partie antérieure ; elle se trouve isolée du couteau lorsqu'on enclanche celui-ci dans le fond de la deuxième pince, qui est plus courte.

Cet interrupteur, vraiment intéressant, permet les trois montages ci-contre A, B, C.

Montage A. — 1º Démarrage sans résistance, avec fusibles hors circuit ;
2º Marche normale avec les fusibles en circuit.

Montage B. — 1º Démarrage avec résistance sur le stator du moteur, avec fusibles hors circuit ;
2º Marche normale avec les fusibles en circuit.

Montage C. — 1º Démarrage en étoile, avec les fusibles en circuit ;
2º Marche normale en triangle, avec les fusibles en circuit.

Cet interrupteur permet ainsi de calibrer plus exactement les fusibles et d'obtenir, par suite, une protection efficace du moteur en marche normale.

Interrupteurs d'excitation pour alternateurs, circuits très inductifs. — On sait que dans ce cas, à l'ouverture du circuit correspond une surtension due à la self-induction, qui peut être très considérable et funeste aux enroulements inducteurs.

On préconise, pour obvier à cet inconvénient, de court-circuiter ces enroulements au moment où l'on y supprime le courant, par une résistance appropriée, dans laquelle se dissipe l'énergie $1/2\ LI^2$ emmagasinée magnétiquement dans les enroulements. On peut éviter ainsi la production de la surtension d'ouverture.

Cette disposition est réalisée par l'interrupteur du type (fig. 29), qui se construit, soit unipolaire pour les génératrices à courant continu auto-excitatrices, soit bipolaire pour les alternateurs à excitation séparée.

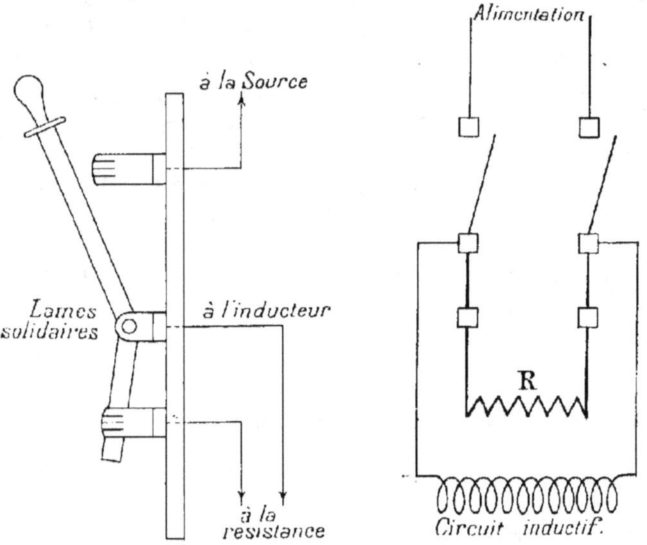

Fig. 29. — Interrupteur d'excitation.

Avant que la lame supérieure n'ait quitté les pinces d'amenée de courant, la lame inférieure commence à s'engager dans les pinces inférieures, afin qu'il n'y ait aucune interruption, si minime soit-elle ; dans ces conditions l'appareil aura son plein effet.

CHAPITRE IV

Gros appareillage
pour moyennes et hautes tensions

Nous arrivons ici à la partie la plus intéressante de cette étude. Lorsque les installations de production et de distribution électriques étaient encore en leur enfance, les tensions employées ne dépassaient pas 2.000 volts, 3.000 volts, 5.000 volts au maximum en courant alternatif monophasé ou triphasé. Les appareils de protection qui étaient employés consistaient uniquement en interrupteurs dans l'air, à rupture plus ou moins brusque, avec ou sans cornes, et en coupe-circuit fusibles, placés souvent directement sur le devant du tableau ; les plus anciens de ces derniers étaient constitués par un long fil fusible suivant un chemin sinueux dans une sorte de longue boîte en grès munie d'un couvercle, qui aujourd'hui nous paraît d'aspect informe et grossier.

Les couteaux de sectionnement, les interrupteurs à huile, les disjoncteurs automatiques étaient complètement inconnus.

Puis ces appareils d'interruption primitifs ont suivi l'accroissement et l'amélioration rapide des installations électriques, et ces derniers appareils ont fait leur apparition.

Il faut reconnaître d'ailleurs que les interrupteurs à air et coupe-circuit ont survécu, et, moyennant quelques dispositions plus rationnelles qu'au début, rendent encore les meilleurs services dans les réseaux modernes, s'ils ont été supprimés dans les stations génératrices.

L'appareillage d'interruption moderne comprend donc : les interrupteurs à huile automatiques et non automatiques, les interrupteurs à air, les couteaux de sectionnement, les coupe-circuit fusibles.

Le schéma ci-contre (voir fig. 30) donne un exemple simple d'une installation de production et distribution moderne, dans lequel est indiquée la place de chacun de ces appareils. S'il s'agit d'un transport à assez longue distance, en terrain plus ou moins accidenté, il est

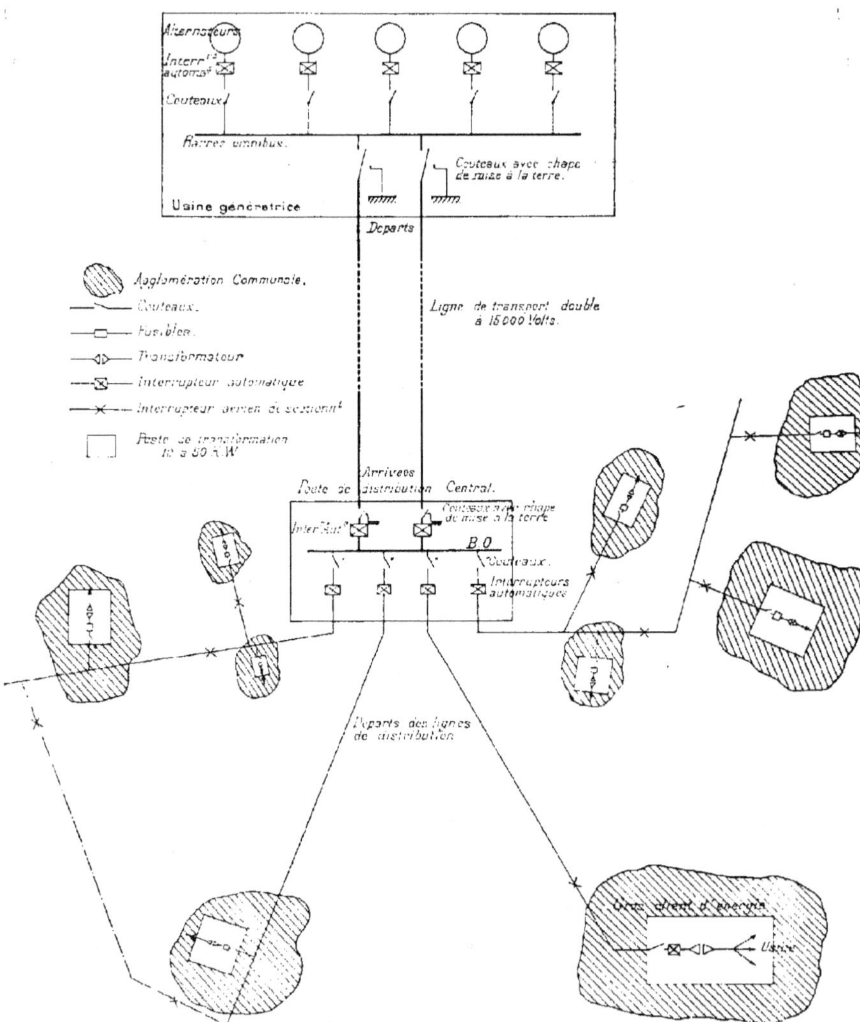

Fig. 30. — Disposition de l'appareillage d'interruption d'un réseau de moyenne étendue.

avantageux d'avoir deux lignes de transport pouvant être mises séparément sous tension, sur mêmes supports ou sur supports différents, et ce au point de vue chute de tension, sécurité de marche, facilité d'entretien, sans interruption de service.

Les alternateurs étant protégés individuellement par leur interrupteur automatique, il n'est pas nécessaire d'en avoir sur le ou les départs ; de simples couteaux de sectionnement suffisent.

Le dispositif permettant d'enclancher les couteaux sur des chapes de mise à la terre, reliés à de bonnes prises de terre, est très avantageux en ce qu'il permet de faire les réparations en ligne sans craindre les effets d'induction ou coups de foudre, et, lorsque la ligne n'est pas en service, protège également ses isolateurs contre les décharges atmosphériques.

Sur chaque ligne de distribution sont branchées les dérivations aboutissant aux divers postes de transformation.

Lorsque la dérivation doit traverser une assez grande partie de l'agglomération avant d'arriver au poste, un interrupteur aérien de sectionnement pouvant au besoin couper en charge est de rigueur à l'entrée des lieux habités. La clé permettant de le manœuvrer sera aux mains d'un agent ou d'une personne habitant le village pour pouvoir couper le courant en cas d'urgence (incendie par exemple, ou rupture de fils).

Sur chaque ligne de distribution, il est avantageux aussi d'insérer de loin en loin, en des points convenablement choisis, des interrupteurs aériens (pouvant à la rigueur couper en charge), destinés à isoler les points extrêmes en cas d'avarie ou de travaux, sans interrompre le service sur les tronçons non intéressés.

Enfin, lorsque les lignes de distribution ne divergent pas trop, il est intéressant, dans le même but que ci-dessus, de les boucler entre elles par une ligne périphérique transversale, munie aussi d'interrupteurs de sectionnement, permettant d'alimenter au besoin les tronçons des lignes de distribution par leurs deux extrémités.

Etudions maintenant en détail les divers appareils qui entrent en jeu dans les installations de ce genre.

Interrupteurs aériens pour hautes tensions. — Les interrupteurs aériens, à rupture dans l'air, comme nous venons de le dire, ne sont plus employés, maintenant, qu'à l'origine des dérivations, à l'entrée des agglomérations et sur les lignes de distribution, comme interrupteurs de sectionnement, lorsqu'on veut éviter la construction de postes de sectionnement avec interrupteurs à huile.

Par leur nature même, ces interrupteurs ne sont appelés à fonctionner que rarement, en cas d'urgence ou pour des travaux d'entretien et réparations ; ils sont exposés à toutes les intempéries, et par conséquent doivent être robustes, de bonne construction et bien entretenus. L'entretien ne pourra se faire, évidemment, que pendant un arrêt de courant, dont on profitera pour vérifier le fonctionnement des mécanismes, les graisser, vérifier les contacts et les graisser aussi légèrement, les nettoyer, vérifier enfin qu'aucun isolateur n'est descellé, ni une pièce desserrée, de manière à pouvoir compter sur leur fonctionnement en cas de besoin.

Tous les systèmes d'interrupteurs aériens comportent, en principe, des isolateurs fixes, sur la tête desquels se trouve une pièce de contact dans laquelle vient s'engager la pièce de contact correspondante portée sur la tête d'un isolateur mobile ; les isolateurs mobiles des différents pôles sont fixés sur un axe commun, autour duquel ils peuvent décrire un certain angle pour se rapprocher ou s'éloigner des contacts fixes. Le contact de chaque isolateur mobile est relié, par une connexion souple, à un isolateur d'arrêt auquel aboutit le fil de ligne.

D'autres fois, l'isolateur mobile se déplace verticalement le long de son axe, pour introduire ou éloigner une lame ou pièce de contact mobile, entre des pinces de contact de deux isolateurs fixes se faisant vis-à-vis à une certaine distance.

Les arcs de rupture en charge devant être très forts, les pièces de contact sont surmontées de cornes qui servent à la fois à souffler l'arc et à y porter ses effets destructifs afin d'éviter toute détérioration des contacts principaux.

L'écartement des cornes à la position d'ouverture sera proportionnel à la puissance d'interruption de l'interrupteur.

Les interrupteurs aériens, suivant leur puissance, c'est-à-dire suivant leur poids, sont montés au sommet d'un seul, de deux et quelquefois de quatre poteaux.

La commande se fait par des articulations et bielle, terminées par une tige (tube d'acier creux) terminée elle-même par une crémaillère (manœuvre à manivelle) ou par de simples poignées. D'autres fois,

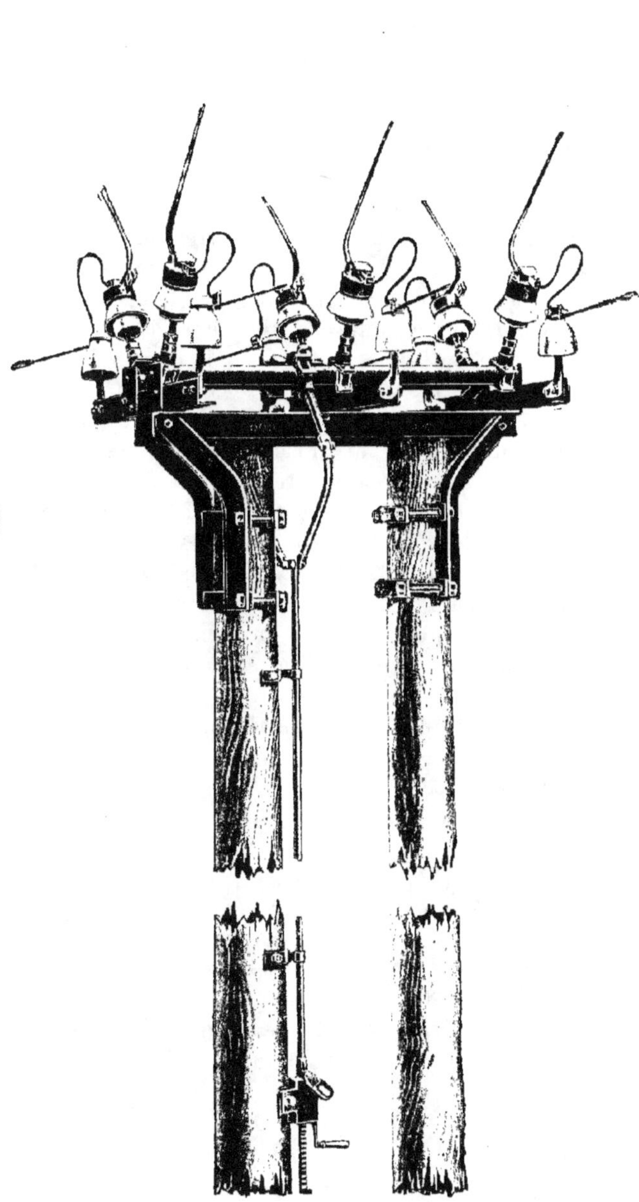

Fig. 31. — Interrupteur aérien "Sud-Électrique", Maljournal et Bourron.

Fig. 32. — Interrupteur aérien à cornes, Maljournal et Bourron.

elle se fait par deux tringles minces, ou câbles d'acier, n'ayant à travailler qu'à la traction.

En général, les deux positions ouverture et fermeture peuvent être verrouillées par un dispositif permettant de placer un ou plusieurs cadenas (pour la protection des électriciens qui ont à travailler sur les lignes).

La commande par crémaillère donne une rupture assez lente, qui convient mieux pour éviter les surtensions dues aux phénomènes de résonance qui peuvent se produire lorsque la rupture est brusque ; ces surtensions sont relativement plus dangereuses pour les réseaux à basse tension que pour ceux à haute tension.

Les tiges ou câbles de commande doivent être interrompus par un isolateur destiné à protéger l'opérateur qui manœuvrera l'appareil ; on sait en effet que l'un des isolateurs peut être fissuré, et mettre en communication les mécanismes de commande avec la haute tension. En outre, la partie inférieure des mécanismes que l'on manœuvre à la main doit être soigneusement mise à la terre ; on aurait tort de négliger ces précautions qui, du reste, sont devenues obligatoires.

Les figures 31, 32, 33, 34, 35, 36 représentent diverses dispositions d'interrupteurs aériens, employées par divers constructeurs.

Les interrupteurs aériens peuvent aussi être montés sur pylônes, mais leur adaptation y doit être étudiée spécialement dans chaque cas. D'après ce que nous avons dit précédemment, l'emploi des interrupteurs aériens doit être réservé uniquement aux dérivations et sectionnements des lignes *de distribution*, c'est-à-dire dont la tension ne dépasse pas 15.000 à 20.000 volts.

Il existe néanmoins des interrupteurs aériens pour 50.000 et 60.000 volts.

La figure 31 représente un sectionneur aérien employé sur les réseaux de la Société *Sud-Electrique* ; cet appareil, qui peut porter de fortes intensités, n'est pas étudié pour les couper en charge, normalement, la direction verticale des ruptures étant peu favorable pour cela, mais sert simplement à mettre hors tension des tronçons de lignes ; il ne doit donc être manœuvré que lorsqu'il n'y passe que peu ou pas de courant. C'est en somme un ensemble de couteaux de sectionnement d'extérieur pouvant être manœuvrés simultanément, sans perche de manœuvre.

Cet appareil a été essayé en charge et a pu interrompre une puissance

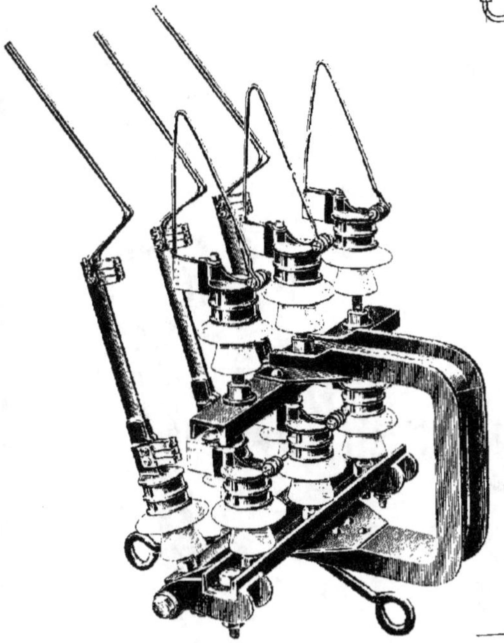

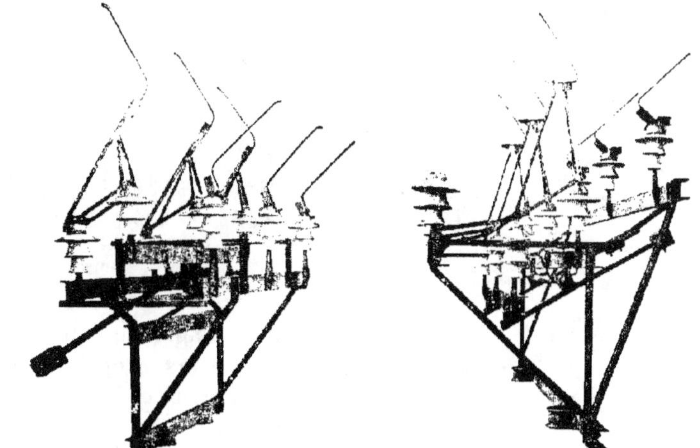

Fig. 33. — Interrupteur aérien pour dérivations. — Maljournal et Bourron.

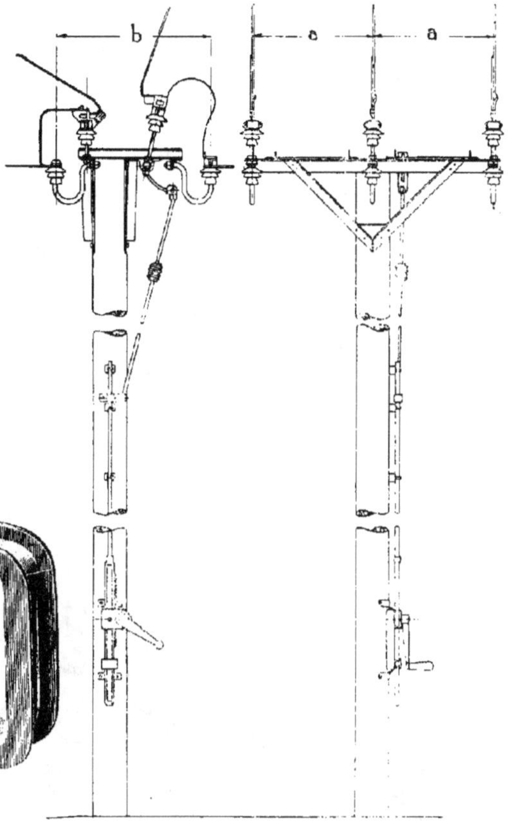

Fig. 34. — Interrupteur aérien. — Ateliers de Constructions Électriques de Delle.

Fig. 35. — Interrupteur aérien. — Ateliers de Constructions électriques de Delle (Procédés Sprecher et Schuh).

Fig. 36. — Interrupteur aérien Sprecher et Schuh pour 50.000 volts, avec dispositif de mise à la terre. — Ateliers de Constructions Electriques de Delle.

de 200 kilowatts sous 13.500 volts, sans aucune difficulté. Il pourrait
donc servir au besoin d'interrupteur d'urgence.

Couteaux de sectionnement. — Dans les installations à haute tension
bien comprises, il est indispensable de pouvoir isoler facilement et
complètement les appareils (transformateurs, interrupteurs, coupe-
circuit, parafoudres, limiteurs de tension, etc.) ainsi que les tronçons
de lignes, que l'on peut avoir besoin d'inspecter, vérifier, entretenir
ou réparer, sans interrompre le service sur le reste du réseau.

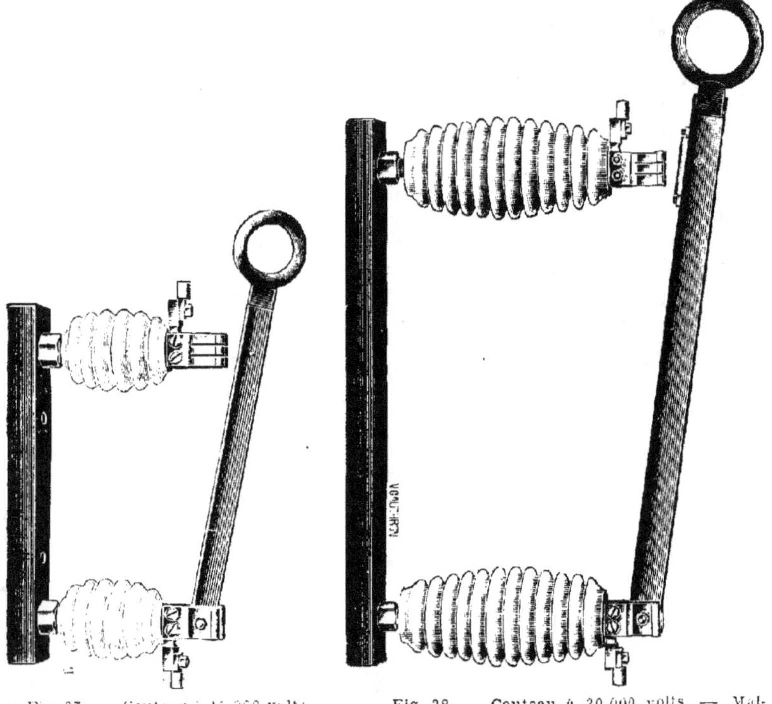

Fig. 37. — Couteau à 15.000 volts.
Maljournal et Bourron.

Fig. 38. — Couteau à 30,000 volts. — Maljournal et Bourron.

Il existe pour cela une classe d'appareils, appelés couramment
couteaux de sectionnement, sectionneurs, coupures, etc., prévus pour
supporter l'intensité normale, et présentant les qualités d'isolement
nécessaires pour la tension normale, mais ne devant être manœuvrés

qu'après avoir, au préalable, amené à zéro ou presque l'intensité qui les parcourt.

Ces sectionneurs sont toujours constitués, d'une façon très simple, par une lame de cuivre terminée par un anneau, s'engageant dans une pince de contact. Ils sont unipolaires.

On les manœuvre à l'aide d'une perche isolante terminée par un crochet.

Ces sectionneurs sont placés aussi haut que possible, et peuvent l'être dans toutes les positions : verticale, horizontale, couchée (¹).

On les construit pour toutes intensités et toutes tensions, depuis les plus basses jusqu'à 50.000, 100.000, 150.000 volts ; mais avec les hautes tensions leurs dimensions croissent très vite, naturellement.

Fig. 39. — Couteau, avec prises derrière.
Maljournal et Bourron.

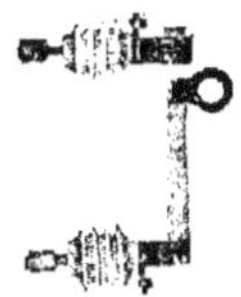

Fig. 40. — Sectionneur Sprecher et Schuh 15.000 volts. — Ateliers de Constructions Électriques de Delle.

Ce sont des appareils indispensables, et d'ailleurs simples et économiques. Tout ce que nous avons dit à propos des interrupteurs à basse tension pour la question des contacts s'applique ici. Jusqu'à 200, 300 ampères, le simple contact robuste lame entre pinces suffit. Pour les intensités supérieures, il faut une sécurité plus grande ; il est alors

---

(1) Il faut cependant qu'ils ne puissent pas se refermer seuls par leur propre poids dans le cas d'un desserrage.

recommandable de pouvoir serrer les deux contacts du couteau (pivot et extrémité) par des écrous portant un petit levier à œil, que l'on serre toujours à l'aide de la perche de manœuvre, après la fermeture. Pour les fortes intensités, c'est la meilleure manière d'avoir de bons contacts.

La figure 41 représente un couteau de ce système, pour 800 ampères à 20.000 volts.

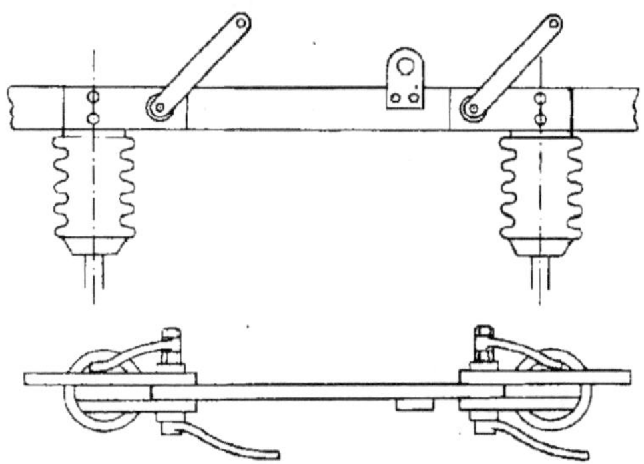

Fig. 41. — Sectionneur Œrlikon. — 800 ampères, 20.000 volts.

La densité de courant adoptée pour les contacts est de 6 à 12 milli-.mètres carrés par ampère. Les figures 37, 38, 39, 40, 42 représentent différents types de couteaux pour différentes tensions.

On voit que pour les hautes tensions (50.000 volts et au delà), la longueur des lames devant être très grande, pour obvier à leur flexibilité qui rendrait difficile la manœuvre d'engagement dans les pinces, le couteau n'est plus simple, mais est formé de deux pièces assemblées en V, jusqu'à proximité du contact d'extrémité ; le pivot est double. Les pinces de contact sont prolongées par des pièces de contact qui servent à la fois de guides et de pare-étincelles.

Ainsi que nous l'avons dit plus haut, les sectionneurs ne doivent pas être ouverts ni fermés sur des circuits en charge ; ce serait une fausse manœuvre :

1º Parce que les arcs, considérables, peuvent monter très haut et les vapeurs conductrices du cuivre amorcer des courts-circuits entre conducteurs voisins ou des mises à la terre par les ferrures-supports voisines ;

2º Parce que ces sectionneurs étant unipolaires, il est dangereux, dans le cas du triphasé, d'interrompre ou de fermer le courant successivement sur les trois phases, à cause des fortes surtensions qui peuvent

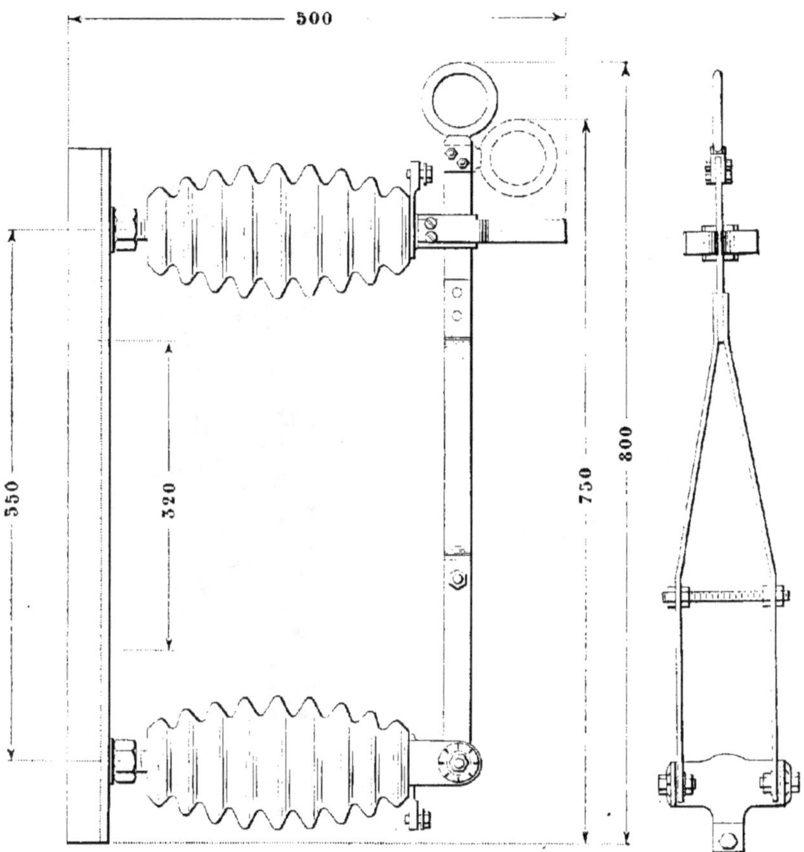

Fig. 42. — Sectionneur pour 55.000 volts. — Maljournal et Bourron.

en résulter le plus souvent (si les couteaux commandent un transformateur ou un moteur).

Les couteaux de sectionnement qui accompagnent un interrupteur à huile, pour isoler un circuit du réseau d'alimentation, doivent être effectivement ouverts chaque fois que l'on aura à porter les mains sur les connexions, fils, ou appareils qui sont après l'interrupteur (fig. 43).

L'ouverture de l'interrupteur seul ne doit pas être considérée comme suffisante. On ne sait jamais, en effet, ce qui se passe à l'intérieur de la cuve de l'interrupteur, inaccessible aux regards : un contact a pu accidentellement rester enclanché, à la suite d'un desserrage de vis ou boulons, l'huile peut être très mauvaise, etc., et l'on risquerait des accidents.

Il faut donc en pareil cas ouvrir obligatoirement les couteaux après

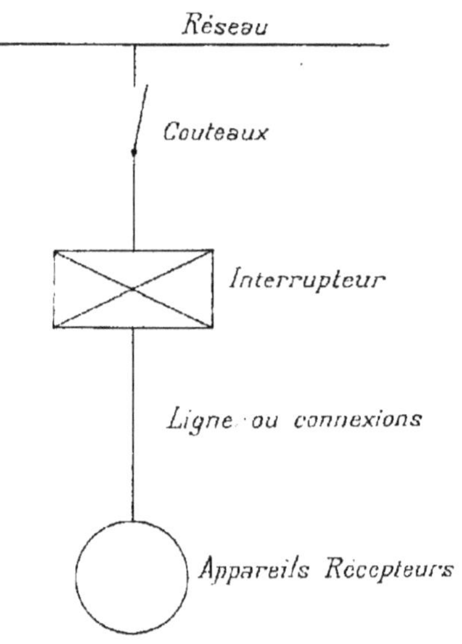

Fig. 43.

Fig. 44. — Sectionneur Maljournal et Bourron, avec chape de mise à la terre.

avoir ouvert l'interrupteur ; ils constituent une coupure visible, contrôlable, qui donnera toute confiance.

Une bonne chose est l'adjonction dans certains cas (fig. 44), aux couteaux sectionneurs, d'une seconde pince de contact, symétrique à celle du contact de fermeture, et dans laquelle on rabattra la lame du couteau après l'ouverture ; cette seconde pince, soigneusement reliée au sol, servira à mettre à la terre le circuit et appareil sur lesquels on a à travailler, pour mettre les travailleurs à l'abri des effets d'induction ou décharges atmosphériques.

Dans le cas où le circuit commandé a une certaine capacité (fig. 45) (câbles armés), le dispositif servira aussi à décharger les conducteurs des charges électrostatiques qu'il aura pu conserver au moment de l'interruption.

Dans ce cas spécial, l'interrupteur aura été ouvert d'abord, puis les couteaux — lesquels auront mis les trois fils à la terre — en *a*, et l'interrupteur sera refermé ensuite quelques secondes pour décharger le câble.

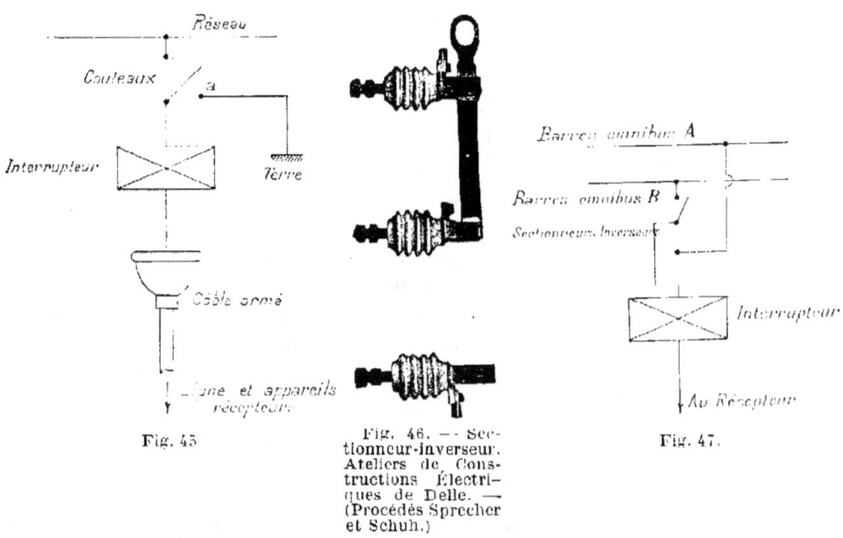

Fig. 45

Fig. 46. — Sectionneur-inverseur. Ateliers de Constructions Électriques de Delle. — (Procédés Sprecher et Schuh.)

Fig. 47.

Sectionneurs-inverseurs. — Ce sont des sectionneurs à deux directions constitués aussi simplement que les précédents ; ils peuvent servir à brancher une dérivation sur deux réseaux ou barres omnibus correspondant à deux sources d'énergie différentes, ou bien à alimenter par une même source d'énergie deux directions différentes, ou bien à inverser le sens des connexions entre une source d'énergie et un appareil récepteur.

La figure 49 indique une disposition souvent utilisée avec ces sectionneurs-inverseurs, permettant de brancher un appareil monophasé sur l'un quelconque des ponts d'un réseau triphasé.

Dans ce cas, l'inverseur doit être étudié de telle sorte que la lame

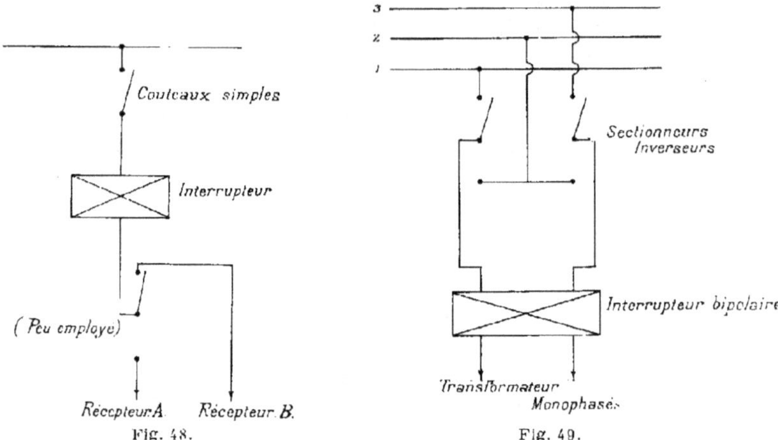

Fig. 48.   Fig. 49.

puisse rester ouverte, entre les deux contacts, sans pouvoir risquer de retomber sur un de ces contacts (frottement dur ou ressort).

Cette disposition permet d'équilibrer la charge sur les trois phases d'un réseau triphasé qui alimente des récepteurs monophasés.

Comme le montrent les figures, tous ces sectionneurs *d'intérieur* ont leur isolation réalisée par des isolateurs à gorges dits « accordéon ». Ces isolateurs ne convenant pour l'extérieur, il existe un type de *sectionneurs d'extérieur* dont les isolateurs sont à cloches, et peuvent aller à la pluie (voir fig. 50, 51, 52).

L'emploi de tels sectionneurs n'est pas à recommander, car la perche avec laquelle on doit les manœuvrer doit être bien sèche s'il s'agit de tensions assez hautes, et l'on peut avoir à faire des manœuvres en temps de pluie ; malgré que le risque ne soit pas très grand, il est préférable de ne pas le courir.

Les perches de manœuvre sont courtes ou longues ; mais toutes doivent porter une pièce isolatrice qui isole le crochet de la porte de tige que l'on saisit à la main. Cette pièce isolatrice est un isolateur à gorges en porcelaine ou un tube dur de micanite ou d'ébonite (modèle plus léger).

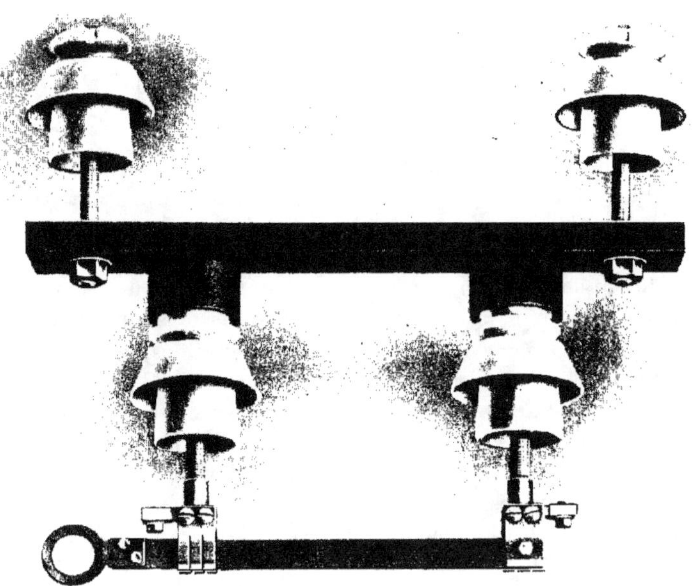

Fig. 50. — Sectionneur d'extérieur. — Maljournal et Bourron.

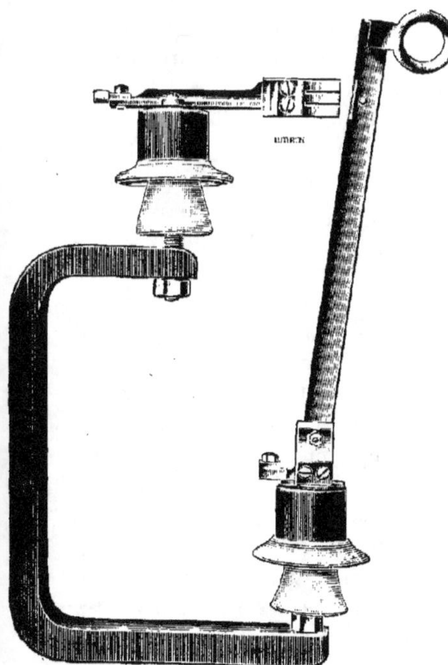

Fig. 51. — Sectionneur d'extérieur. — Maljournal et Bourron.

Fig. 52. — Sectionneur des Ateliers de Constructions électriques de Delle. (Procédés Sprecher et Schuh).

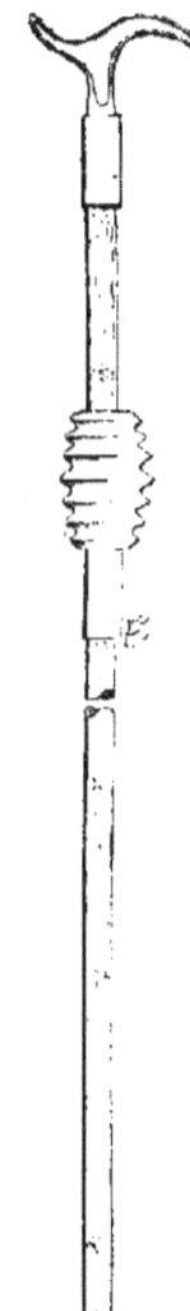

Fig. 53. — Perche de manœuvre. — Maljournal et Bourron.

Coupe-circuit fusibles. — Nous avons déjà dit, à propos de l'appareillage à basse tension, que les coupe-circuit fusibles ne constituent que des moyens de protection imparfaits. Cela est encore vrai pour les circuits à haute tension, dans lesquels ils ne fonctionnent pas d'une manière plus précise et donnent souvent lieu à des perturbations plus graves, en même temps qu'ils sont souvent détériorés eux-mêmes.

Il y a dix ou quinze ans, quelques grosses installations, qui n'avaient pas attendu pour fonctionner que les interrupteurs à huile perfectionnés eussent été trouvés, employaient comme protections sur de grosses unités de 1000 kilowatts et plus, à 15.000 volts, des coupe-circuit fusibles, dont le fonctionnement n'allait pas toujours, loin de là, sans perturbations et avaries. Leur fusion donnait parfois de véritables explosions, brisant les porcelaines des coupe-circuit ; les arcs de rupture jaillissaient des tubes sur les ferrures voisines, mettant ainsi une phase à la terre, quelquefois deux, et enfin mainte surtension ayant grillé des bobinages de transformateurs et alternateurs a été dûment attribuée à leur fonctionnement.

De sorte que, là aussi, pour les moyennes comme pour les hautes tensions, les disjoncteurs à huile sûrs et précis leur sont préférés de beaucoup, et les coupe-circuit fusibles n'ont leur raison d'être que lorsqu'il s'agit de faibles puissances, pour lesquelles l'emploi de disjoncteurs serait relativement trop coûteux.

Ainsi, par exemple, il ne serait pas rationnel de commander un petit transformateur de village de 5 kilowatts, branché sur un réseau à 15.000 volts, et valant 1000 ou 1500 francs par un interrupteur automatique qui, avec ses accessoires, transformateurs d'intensité, relais, coûterait autant. On se contente alors de coupe-circuit fusibles qui d'ailleurs, heureusement pour ces petites puissances, ont un fonctionnement plus tranquille et moins désastreux.

Il existe couramment des installations de 100 à 200 kilowatts, lesquelles n'ont d'autre protection que celle de coupe-circuit fusibles ; il serait déjà bien préférable qu'elles soient munies d'interrupteurs automatiques à huile, dont le fonctionnement est bien plus sûr et la protection par conséquent plus efficace.

Un petit court-circuit entre quelques spires sur un transformateur a beaucoup plus de chances de se transformer en avarie plus grave avec des fusibles qu'avec un disjoncteur automatique, cela est hors de doute. Si l'on considère en outre que le disjoncteur automatique à **maxima** peut être muni à peu de frais d'autres dispositifs de déclanchement automatique (à minima, retour de courant), on voit qu'on peut bénéficier de grands avantages avec cet appareil.

On peut dire que l'emploi de coupe-circuit fusibles doit se limiter aux puissances de 0 à 50 kilowatts ; au-dessus, il est plus avantageux d'avoir un interrupteur automatique, qui, en outre des avantages

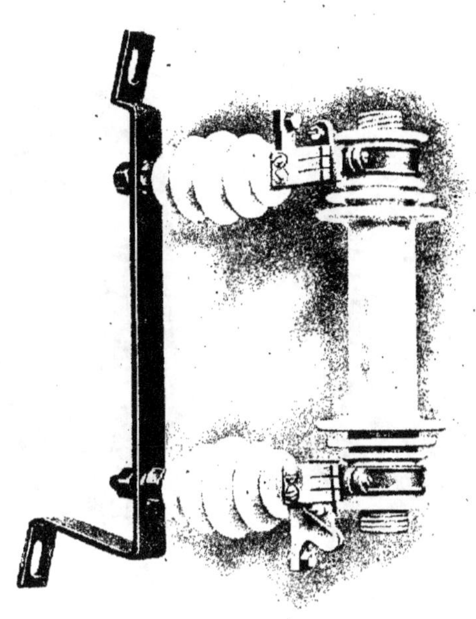

Fig. 54. — Coupe-circuit Maljournal-Bourron pour 15.000 volts.

ci-dessus, possède celui d'être toujours prêt à remettre immédiatement en service, moins dangereux à manœuvrer, car si l'on remet en place des coupe-circuit fusibles qui viennent de sauter, et que le défaut n'ait pas disparu, il peut être assez dangereux pour l'opérateur que les fusibles lui sautent de nouveau presque dans les mains. Nous ne voulons pas considérer ici les installations comportant un interrupteur à huile non automatique et des coupe-circuit fusibles, car elles nous paraissent peu rationnelles, l'installation des fusibles coûtant à peu près autant que l'adjonction du système automatique à l'interrupteur.

Quelques expériences ont été faites pour l'étude de ce qui se passe lors de la fusion d'un fusible. On a remarqué souvent, en effet, que les mêmes coupe-circuit fonctionnaient quelquefois en fusant sans éclat, et d'autres fois en produisant de véritables explosions, brisant le

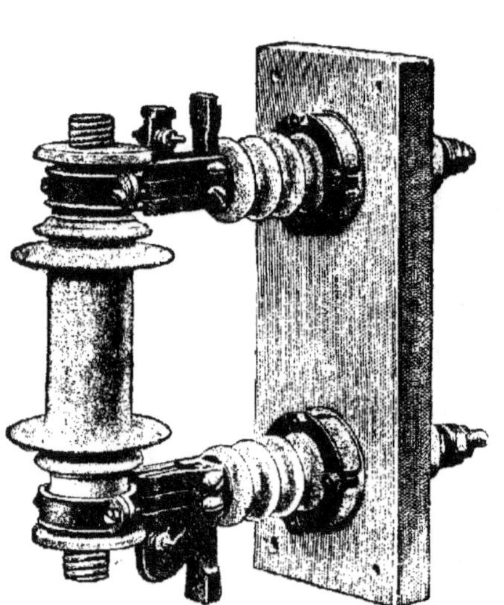

Fig. 55. — Coupe-circuit Maljournal et Bourron avec prises derrière.

Fig. 56.— Coupe-circuit Maljournal et Bourron avec orifice d'échappement.

coupe-circuit. Ces expériences ont amené à dire que le phénomène dépend simplement de la valeur de l'intensité instantanée au moment de la fusion. Une forte surintensité, de durée très courte comme il s'en produit parfois lors de la mise sous tension de transformateurs, ou pour toute autre cause, peut être telle que le refroidissement du fusible soit faible, et qu'il fonde et se volatilise instantanément; et coupant la charge à l'instant précis de cette surintensité, il donne lieu aux phénomènes violents remarqués, alors que d'autres fois, lorsqu'il s'agit d'une surcharge ordinaire qui échauffe peu à peu le fusible jusqu'à son point de fusion, la rupture du courant s'accomplit tranquillement. Cela est aisé à comprendre.

Lorsqu'il s'agit d'une brusque et forte surcharge, comment se comporte le fusible? A la température qu'il atteint et qui l'amène à l'état de vapeur, correspond une certaine tension de cette vapeur, suffisante pour produire des jets fusants de métal ou l'explosion du tube qui contenait le fil.

C'est pourquoi certains constructeurs, notamment la Maison Maljournal et Bourron, préconisent des coupe-circuit dont la porcelaine est munie, par derrière, d'une ouverture destinée à l'évacuation immédiate de ces vapeurs (voir fig. 56).

Doit-on ou ne doit-on pas entourer le fil fusible d'un tube d'amiante ou autre, comme on le fait quelquefois?

Cela a bien l'avantage de protéger la porcelaine contre l'élévation brusque de la température, mais aussi l'inconvénient de faire bourrage autour du fil et dans le cas de brusques fusions, de diriger plus sûrement le jet de vapeur dans le prolongement de l'axe du tube. Il est vrai que pour les petites puissances auxquelles on doit borner l'emploi des fusibles, la masse de ces derniers est faible et les explosions beaucoup moins violentes (fonctions du carré de l'intensité). Enfin, la chute du tube d'amiante à terre avertit de suite, lorsqu'on entre dans un poste, que les fusibles ont fondu.

Les figures 54 et 55 montrent divers coupe-circuit fusibles ordinaires.

Les raisons énoncées à propos des coupe-circuit fusibles basse tension pour le choix du métal fusible sont les mêmes ici : l'argent, plus conducteur et présentant moins de masse, convient le mieux, mais il est cher ; néanmoins, son emploi est ici plus justifié. L'alliage plomb-étain a les inconvénients signalés, mais on l'emploie cependant beaucoup dans les petits postes de transformation.

Il existe aussi des coupe-circuit fusibles à huile, basés sur le principe suivant (voir fig. 57, 58 et 59). Ils sont établis, entre autres, par les Ateliers de Constructions électriques de Delle, type HSO :

Un petit fusible d'argent, mince et assez court (10 centimètres), bien calibré, est tendu par un ressort immergé dans l'huile au fond d'un tube de porcelaine, le fusible est hors de l'huile. Lorsque, par suite d'une surcharge, le fusible se ramollit et fond, le ressort rappelle immédiatement son extrémité inférieure et l'arc qui se produit est immédiatement étouffé dans l'huile.

Il est avantageux que le fusible lui-même soit hors de l'huile, car, s'il était immergé, l'huile le refroidirait évidemment, sa fusion serait moins précise et accompagnée de projections d'huile, ce qui n'a lieu que rarement avec la disposition adoptée. L'huile employée est la même que celle pour interrupteurs.

Ce système de coupe-circuit est un des meilleurs ; les petits fusibles, bien calibrés, fondant avec une certaine précision.

Mais lorsque, malgré tout, de l'huile est projetée, ils augmentent les chances d'incendie. On doit donc se prémunir contre cette éventualité.

Un autre genre de coupe-circuit fusible est celui que l'on emploie encore quelquefois sur les lignes de départ à haute tension de petites usines génératrices et à l'origine des dérivations allant aux postes communaux, les coupe-circuit fusibles à cornes.

Fig. 57 et 58. — Coupe-circuit à huile pour hautes tensions. — Ateliers de Constructions électriques de Delle. (Procédés Sprecher et Schuh).

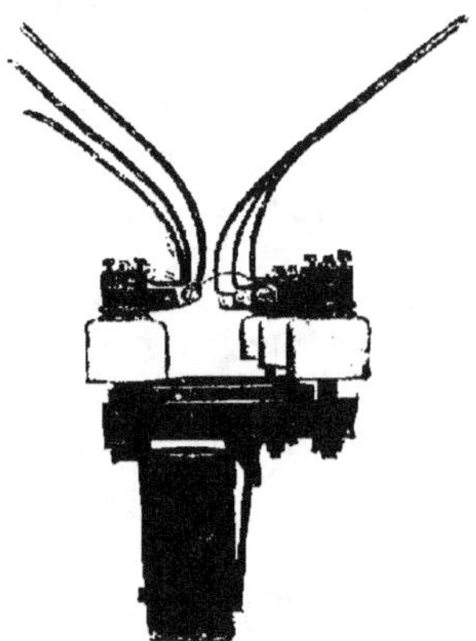

Fig. 59. — Coupe-circuit fusibles à cornes, pour extérieur. — Ateliers de Constructions électriques de Delle.(Procédés Sprecher et Schuh).

Le fil fusible, porté sur une pièce amovible que l'on peut mettre en place ou décrocher à l'aide d'une perche, est placé entre deux cornes assez espacées, chargées d'éteindre l'arc de rupture.

Ce système peut à la rigueur être employé dans les petites stations ; placé à l'origine des dérivations, il a l'avantage d'éviter un arrêt total de la ligne de distribution pour un court-circuit entre fils d'une petite dérivation ; mais le remplacement des fusibles (placés évidemment après l'interrupteur de dérivation) est assez long et ennuyeux, car il faut tenir compte que les fusibles peuvent fondre souvent sans qu'il

y ait de défaut sur la ligne, et que les points de dérivation sont souvent
très éloignés des agglomérations. Pour ces raisons, ces coupe-circuit
fusibles H. T. ne sont pas très employés ; il est préférable d'avoir des
lignes bien faites.

Interrupteurs à huile. — C'est Partridge qui aurait employé le
premier, en 1891, le principe de l'interruption dans l'huile, à Deptfort ;
ce principe a été mis en pratique en 1897 par Brown, mais il a mis assez
longtemps pour faire ses preuves et se répandre, puisque ce n'est guère
que depuis une quinzaine d'années que les interrupteurs à huile ont
détrôné les interrupteurs à air et leurs feux d'artifice, terreur des
stations centrales.

Aujourd'hui, ainsi que nous l'avons déjà dit, ces preuves sont bien
faites et l'emploi de ces interrupteurs consacré à l'unanimité par
l'industrie.

On construit couramment des interrupteurs à huile jusqu'à 3000 ampères sous 3000 volts et 2000 ampères sous 15.000 volts.

Les interrupteurs à huile sont construits pour toutes les tensions
entre 500 et 150.000 volts ; on trouve pour les très hautes tensions des
interrupteurs de 110.000 volts, 400 ampères, et pour les tensions hautes
et moyennes, des interrupteurs jusqu'à 2000 et 6000 ampères.

Les interrupteurs à huile de bonne construction et employés judicieusement ont rarement donné des mécomptes. On cite un interrupteur
à 60.000 volts ayant pu couper 10.000 kilowatts 25 fois en 30 secondes
sans accident ; deux interrupteurs à 60.000 volts restés en service
pendant 3 ans sans changer l'huile, bien qu'ayant été appelés à couper
plusieurs centaines de fois des surcharges ou courts-circuits.

On cite enfin de gros interrupteurs ayant coupé des charges momen-
tanées de 200.000 kilowatts.

Chaque interrupteur à huile est caractérisé par :

1° La tension normale pour laquelle il est construit ;

2° L'intensité normale que peuvent supporter ses contacts et pièces ;

3° Sa puissance de rupture, qui devrait être indiquée sur l'appareil
à côté des autres caractéristiques.

Connaissant ces renseignements dûment établis et garantis par le
constructeur, on pourra alors installer les interrupteurs, avec la puissance d'interruption voulue, là où ils sont nécessaires. On sera alors à
peu près à l'abri de tout accident.

Ainsi, comme nous le verrons plus loin à propos des interrupteurs pour très grosses intensités, lorsqu'un interrupteur est branché directement sur les barres omnibus d'une grosse station centrale, pour commander un départ, sa puissance d'interruption ne doit pas correspondre seulement à la puissance normale qu'il canalise sur ce départ, mais dans une certaine mesure à la puissance totale de l'usine (en prévision d'un court-circuit, plus dur dans ce cas), bien que cela puisse paraître illogique au premier abord ; nous verrons plus loin pourquoi.

Si, par exemple, un interrupteur doit commander un transformateur de 1000 kilowatts, ayant en pleine charge une chute de tension de 4 %, en cas de court-circuit direct sur le secondaire, la valeur du court-circuit pourra atteindre $1000 \times \dfrac{100}{4} = 25.000$ kilowatts momentanément, que l'interrupteur devra pouvoir couper. Certains constructeurs admettent que la puissance d'interruption de leurs interrupteurs est égale à 3 ou 4 fois la puissance normale pour laquelle ils sont établis.

Ainsi un interrupteur de 300 ampères sous 20.000 volts monophasé (bipolaire) est considéré comme ayant une puissance d'interruption de 18.000 à 24.000 kilowatts.

Cette appréciation n'est justifiée que si l'interrupteur est bien calculé assez largement, de manière à permettre effectivement une telle rupture sans en souffrir. Or cela dépend essentiellement de plusieurs choses, parmi lesquelles : le nombre de points de rupture, la vitesse de rupture, la forme et disposition des contacts, leur écartement maximum, la direction de la rupture, l'épaisseur de la couche d'huile, etc.

On voit donc qu'à ce point de vue chaque type d'interrupteur devrait avoir été éprouvé chez le constructeur pour les puissances nominales qu'il annonce.

Or, il en est peu qui disposent de puissance de machines qui seraient nécessaires pour cela (plusieurs milliers de kilowatts) ; pour cette raison les essais ou expériences se font le plus souvent chez les clients qui emploient ces appareils, parfois à leur grand dommage, tout au moins au début.

Maintenant, la plupart des constructeurs possèdent des données d'expérience certaines.

L'interruption du courant sous l'huile ne donne pas lieu aux perturbations qui accompagnent le fonctionnement des interrupteurs à air.

Les relevés oscillographiques montrent qu'elle est rapide, nette, sans surtensions, car, en raison du pouvoir « étouffant » de l'huile qui vient immédiatement noyer l'arc, pouvoir dû à la grande rigidité diélectrique de l'huile, le courant est coupé lorsqu'il passe par zéro et l'arc ne se rallume pas comme dans l'air, où il provoque des oscillations dangereuses.

Fig. 60. — Interrupteur automatique à huile, avec bobines directement sur la haute tension. — Vedovelli-Priestley.

En réalité l'arc pourra se rallumer pendant 6, 4 ou 3 périodes, suivant la puissance coupée, la vitesse de rupture et la tension de service, mais ceci ne correspond qu'à 1/10 de seconde environ, tandis que l'extinction d'un arc de grande puissance dans l'air peut durer plusieurs secondes (100 ou 150 périodes).

Lorsque la surcharge coupée par l'interrupteur est très violente, l'interruption ne va pas, quelquefois, sans projection d'huile hors de

l'interrupteur ; une certaine pression se développe à l'intérieur de la
cuve, qui doit être assez solide pour résister.

L'huile projetée a le tort, quelquefois, de tacher les tableaux de
marbre par derrière, et les taches traversent le marbre pour apparaître
disgracieusement au devant.

Fig. 51. — Interrupteur triphasé pour haute tension (20.000 volts).
Compagnie Générale Électrique de Nancy.

Elle a le tort plus grave, d'autres fois, assez rares heureusement,
d'asperger les canalisations, et si l'arc de rupture a été très violent,
il peut mettre le feu à l'huile, d'où peuvent résulter les plus grands
dangers d'incendie. Le cas s'est produit récemment dans l'usine hydro-

électrique de Wangen, sur l'Aar (Suisse) (10.000 chevaux) ; dans la description que donnait en 1909 la revue *l'Industrie Electrique* de cette installation moderne, il était indiqué que les canalisations aboutissaient à des armoires à haute tension, placées au-dessus du tableau de distribution ; or, à la fin de l'année 1912, la même revue signalait l'incendie de cette importante usine, causée par l'inflammation de l'huile d'un interrupteur, qui s'était propagée aux câbles isolés et de là à la toiture qui s'est effondrée en partie sur les machines.

Cet exemple récent montre l'intérêt qui s'attache à entourer les interrupteurs à huile de cloisons incombustibles et à n'avoir, autant que possible, dans les salles de machines que maçonneries et charpentes métalliques.

Les mêmes précautions que pour les interrupteurs à huile s'étendent, plus encore, pour les locaux contenant des coupe-circuit, à huile surtout, des parafoudres ou limiteurs à haute tension, etc.

La cuve à huile est généralement en tôle forte, revêtue intérieurement de plaques isolantes (fibre) ; lorsque l'interrupteur est multipolaire, des planchettes isolantes séparent également les pôles différents, de telle sorte que par les plus fortes interruptions, les arcs de rupture ne puissent jaillir ni à la masse, ni entre phases.

Le contact mobile, qui est relié au mécanisme de commande, doit être isolé de celui-ci ; dans certains interrupteurs, la pièce mobile est portée à l'extrémité d'une tige de bois traité (hickory) qui pénètre à travers le couvercle de l'interrupteur ; dans d'autres, le contact mobile est fixé à un isolateur en porcelaine porté par une tige métallique reliée au mécanisme.

Nous ne pouvons songer à donner une description fastidieuse de tous les interrupteurs existants ; nous nous bornerons à signaler quelques types en mentionnant les détails tout particuliers.

Interrupteurs Oerlikon. — La rupture est simple ou double jusqu'à 20.000 volts, quadruple au delà ; au mouvement de l'interrupteur est lié un petit commutateur de contrôle qui allume respectivement une lampe rouge ou verte pour indiquer l'ouverture de la fermeture.

Pour les hautes tensions au-dessus de 20.000 volts, les interrupteurs multipolaires comprennent un bac par phase.

Dans l'interrupteur 300 ampères 20.000 volts, la rupture se fait à 20 centimètres au-dessous du niveau de l'huile ; la surface de chaque

Fig. 62. — Interrupteur à huile triphasé 15.000 volts, 150 ampères.
Société Œrlikon.

Fig. 63. — Interrupteur à huile à phases séparées pour 50.000 volts.
Société Œrlikon.

Fig. 64. — Interrupteur à huile 4.000 volts, 1.500 ampères. — Ateliers de Constructions électriques de Delle. (Procédés Sprecher et Schuh).

Fig. 65. — Interrupteur à huile 25.000 volts à bac unique. — Ateliers de Constructions électriques de Delle. (Procédés Sprecher et Schuh).

contact est de 1.450 millimètres carrés environ, soit 5 millimètres carrés par ampère ; la rupture est double et la distance de rupture de 8 centimètres.

Les contacts principaux s'engagent sur les flancs de la pièce mobile : un doigt de contact, plus long que ces derniers, touche à chaque extrémité la pièce mobile pour y localiser les corrosions dues aux arcs de rupture. La cuve porte en haut un œil pour vérifier le niveau de l'huile. La cuve peut être baissée à volonté pour la visite des contacts au moyen d'un petit treuil à vis sans fin et de câbles d'acier.

Interrupteurs Alioth. — La Société Alioth construit trois grandeurs courantes :

De 3.000 à 10.000 volts pour 200-60 ampères.
De 5.000 à 15.000 — 200-70 —
De 8.000 à 20.000 — 500-150 —

Les contacts mobiles sont constitués par des barres de bronze portés par des tiges isolées ; les contacts fixes sont formés de doigts flexibles.

Les pièces sont dimensionnées convenablement pour chasser l'huile sous les coupures.

Interrupteurs Sprecher et Schuh. — Ces constructeurs ont des interrupteurs multipolaires à bac unique jusqu'à 25.000 volts ; au-dessus, on ne fait que des interrupteurs unipolaires. Les interrupteurs sont commandés par un volant dont la rotation totale est de 190° pour les non-automatiques et 155° pour les automatiques. Un disque optique indique la position de l'interrupteur. Cette maison indique que ses appareils à huile peuvent être employés en continu, mais pour une puissance de 60 % seulement de la puissance nominale en alternatif.

Interrupteurs de l'Allgemeine Elektricitäts=Gesellschaft. — Comme les autres constructeurs, cette maison allemande ne fait ses interrupteurs multipolaires dans la même cuve que jusqu'à 20.000 ou 25.000 volts ; pour les tensions supérieures, il n'y a que des interrupteurs unipolaires, que l'on réunit mécaniquement, les phases étant en cuves séparées.

Comme dans les interrupteurs Sprecher et Schuh, le mouvement d'ouverture et de fermeture des contacts mobiles est assuré par une bielle cintrée actionnée par la rotation d'un axe qui pénètre dans la cuve, au-dessous du couvercle. Des ressorts à boudins intérieurs aident à l'ascension ou à la descente des pièces mobiles, suivant le poids de celles-ci, pour la rupture brusque. Ces interrupteurs se distinguent par la forme dite « parabolique » de leurs isolateurs d'entrée traversant le couvercle.

Fig. 36. — Interrupteur à huile bipolaire 10.000 volts. — Société A. E. G.

Rien de particulier pour les contacts qui, comme pour l'immense majorité des interrupteurs, sont à doigts multiples à ressorts et à balais, avec un par rupture, plus long, comme pare-arc.

Interrupteurs Siemens-Schuckert. — Même disposition de contacts supplémentaires pare-arcs, comme pour les interrupteurs ci-dessus.

Une particularité existant dans les gros interrupteurs pour fortes intensités.

Les contacts immergés dans l'huile, et par lesquels se fait la rupture, sont doublés, extérieurement à la cuve, par d'autres contacts dans l'air, dont le mouvement de fermeture est lié mécaniquement à celui des contacts intérieurs, mais avec un léger retard, de sorte que, lors du déclanchement, ce sont les contacts extérieurs, en parallèle avec ceux intérieurs, qui s'ouvrent les premiers : la rupture du circuit se fait donc sous l'huile, mais en temps normal, les contacts extérieurs concourant à assurer un bon passage au courant.

Fig. 67. — Interrupteur à huile tripolaire 20.000 volts à bac unique.
Société A. E. G.

Comme la maison Alioth, la maison Siemens préconise au-dessus de
15.000 volts l'emploi d'interrupteurs comprenant une cuve par phase,
avec quatre ruptures par cuve, en série (interrupteurs bipolaires à bac
unique servant d'interrupteurs unipolaires à quatre bornes).

Fig. 38. — Interrupteur à huile tripolaire pour 15.000 volts.
Matjournal et Bourron.

Interrupteurs Westinghouse. — Jusqu'à 3000 volts, les interrupteurs
Westinghouse sont du type à couteaux, pour puissances jusqu'à
1.200 kilowatts.

Le type est le même de 3000 à 7000 volts, la puissance d'interruption
étant seulement portée à 6000 kilowatts (triphasé).

Le type de 7000 à 22.000 volts a une puissance d'interruption de
8500 kilowatts en triphasé. Ses contacts fixes y sont constitués par des
douilles dans lesquelles s'engagent les parties tronconiques des pièces
de contact mobiles ; ces dernières sont portées par une tige de bois.

Le mécanisme de commande se compose d'un système de leviers et
bielles articulées, qui ont tendance à maintenir l'interrupteur dans

la position d'ouverture, non par le poids des pièces mobiles, mais par l'action de ressorts à boudins. Les cuves (une pour chaque pôle) sont de dimensions aussi restreintes que possible (forme arrondie).

Les dispositions pour tensions supérieures à 22.000 volts sont semblables, mais nécessitent la commande électrique.

La Société Westinghouse a construit des interrupteurs jusqu'à 88.000 volts et 200 ampères. La rupture y est double, et la distance de rupture verticale est de 50 centimètres, soit une rupture totale de 1 mètre par phase. Ces interrupteurs peuvent couper 45.000 kilowatts en triphasé.

Interrupteurs Thomson-Houston. — Les interrupteurs Thomson-Houston sont de plusieurs types (5 types) :

1º Pour faibles intensités jusqu'à 4.000 volts,

2º Pour fortes intensités jusqu'à 4.500 volts,

3º Pour moyennes intensités jusqu'à 10.000 volts,

4º Pour moyennes intensités jusqu'à 15.000 volts,

5º Pour fortes intensités (500 ampères) sous 13.500 volts, ou pour moyennes intensités (100 ampères) sous 60.000 volts. Les 4ᵉ et 5ᵉ types sont à phases séparées. Dans le 4ᵉ type et les précédents, les contacts mobiles sont vissés sur une tige de bois de hickory qui traverse le couvercle ; il est arrivé quelquefois que la tige de bois, si elle touchait les bords de l'orifice de traversée de ce dernier, ne résistait pas à la tension entre les conducteurs et la terre, et l'on a été obligé d'ajouter des isolateurs en porcelaine pour cette traversée (fig. 69).

L'interrupteur du 5ᵉ type, le plus puissant, est établi pour commande par moteur électrique. La rupture, double par phase, se produit dans de longs cylindres remplis d'huile ; la distance de rupture est **très** grande. Les connexions se font par la partie inférieure de ces cylindres, le mouvement des pièces mobiles de contact se faisant par la partie supérieure, extérieurement aux cylindres, sauf pour l'extrémité des tiges de contact.

Interrupteurs Kelman. — Nous avons indiqué l'influence de la direction des ruptures sur le fonctionnement des interrupteurs à huile ; la direction la plus favorable est la direction horizontale, évidemment. Or, dans aucun des systèmes d'interrupteurs que nous venons non de décrire, mais de mentionner brièvement, on n'a appliqué ce principe, puisque partout le mouvement des pièces mobiles est vertical.

Le système d'interruption de la Kelman Electro C° est un des rares dans lesquels la rupture soit horizontale.

Fig. 69. — Interrupteur type F, forme K 10, pour 70.000 volts. Tripolaire, à commande par solénoïde. — Société Thomson-Houston.
Détails d'un élément, la cuve étant enlevée et remplacée par des chevalets.

Les pièces de contact mobiles, en forme de couteaux, sont fixées à deux angles opposés d'un parallélogramme articulé pour chaque phase.

Les deux autres angles sont : l'un fixé au fond de la cuve, l'autre, au-dessus, est fixé à la tige de commande (voir fig. 70). Le déplacement des contacts s'effectue donc horizontalement, presque au fond de la cuve, et par conséquent au-dessous d'une forte couche d'huile ; il n'y a pas de projections d'huile, même avec l'interruption de fortes surcharges.

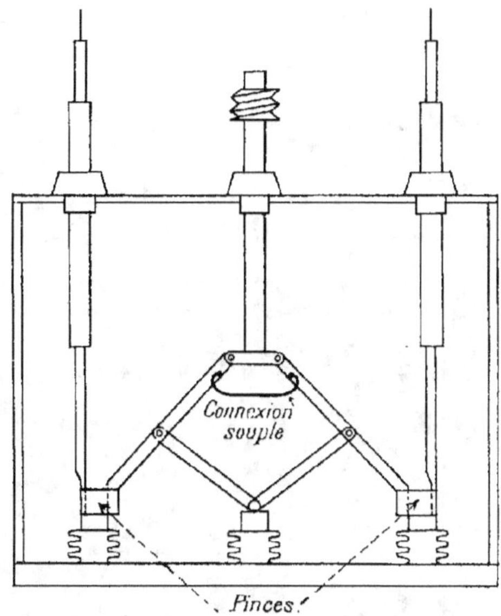

Fig. 70. — Interrupteur Kelman à rupture horizontale.

La tige de commande qui actionne le parallélogramme est en bois spécial traité. De plus, le couvercle est, non métallique, mais en matière isolante spéciale.

Les cuves de tôle, largement dimensionnées, n'ont pas de revêtement protecteur contre le jaillissement des arcs à la masse ; d'ailleurs cet accident est beaucoup moins à craindre, à cause de la direction de l'arc.

Ce système d'interrupteur, conçu d'une façon vraiment rationnelle, se fait pour tension jusqu'à 110.000 volts actuellement, et si l'on a besoin plus tard d'interruption pour 200.000 ou 300.000 volts sans un volume trop considérable, il est probable que c'est le dispositif de ce principe qui s'imposera.

Interrupteurs à chariot. — Plusieurs constructeurs présentent maintenant des interrupteurs à huile montés sur chariot, ce qui permet de les retirer de leurs cellules pour la vérification, l'entretien, le rempla-

Fig. 71. — Interrupteur à huile sur chariot 2.000 volts, 3.000 ampères.

cement rapide. La figure 71 représente un dispositif de ce genre (Richard Heller).

Cette disposition est assez commode, surtout dans les centrales de distribution, comportant de nombreuses cellules d'interrupteurs,

d'espace restreint, où les interrupteurs sont difficilement accessibles ;
il suffit ici de défaire quelques connexions et de tirer le chariot
en arrière pour inspecter commodément et minutieusement l'appareil.

Il existe aussi des types semblables, mais où il n'est même pas
nécessaire de défaire les connexions, des contacts extérieurs s'établis-
sant par pinces et couteaux ; mais cette disposition ne peut s'appliquer
que pour des interrupteurs d'intensité modérée.

Interrupteurs à huile avec résistances de choc. — Lorsqu'il s'agit
de la commande de transformateurs, de grosse puissance notamment,
on a remarqué que leur mise sous tension brusque par les interrupteurs
ordinaires donnait lieu parfois à une surintensité très forte, dépassant
quelquefois de beaucoup l'intensité normale de pleine charge.

Ce phénomène a été étudié par différents ingénieurs, et expliqué
notamment par M. Bunet d'une façon très complète (voir la communication à la Société internationale des Electriciens, Bulletin de mai 1911,
page 253)[1]. Sans entrer dans le détail des calculs et explications donnés
à ce sujet, nous dirons que les surintensités qui se déclarent au moment
de la fermeture du courant sur un transformateur proviennent de ce
que le flux, c'est-à-dire la force contre-électromotrice opposée à la
force électromotrice alternative du réseau, ne s'établit pas instantanément lors de la mise sous tension ; la variation de perméabilité du
circuit magnétique avec le flux, l'hystérésis elle-même sont aussi des
facteurs qui déterminent cette surintensité. Lorsqu'il s'agit d'un
transformateur à vide, la surintensité peut atteindre trois ou quatre
fois le courant normal de pleine charge ; lorsque le transformateur sur
lequel on met brusquement la tension a son secondaire déjà fermé sur
des appareils récepteurs, la surintensité est plus forte et peut atteindre
plus de six fois le courant normal de pleine charge.

Cette surintensité ne se produit pas immanquablement à toutes les
fermetures du circuit, car elle dépend de l'instant auquel on ferme
l'interrupteur. Si on ferme celui-ci au moment où la tension passe à
peu près par son maximum, elle sera très faible ou nulle ; si au contraire
l'interrupteur est fermé au moment où la tension passe par zéro, ou à
peu près, la surintensité sera maximum.

1. Voir également l'excellente étude de M. Peyrouze, Bulletin de septembre 1913 de *La
Houille blanche* (Association des Ingénieurs et Conducteurs de l'Institut électrotechnique de
Grenoble).

L'oscillogramme suivant (fig. 72) montre les surintensités correspondant à une série de fermetures d'un interrupteur de transformateur (sans résistance de choc).

La figure 73 montre un établissement du régime à la fermeture sur un transformateur à vide.

La figure 74 montre un exemple d'établissement de régime à la fermeture sur un transformateur en pleine charge.

Les réactions électromagnétiques sur les bobines correspondant à ces surintensités peuvent donner lieu à des efforts considérables sur les conducteurs, et si les isolants de ceux-ci sont cuits par un long service, ou en mauvais état, il peut en résulter des courts-circuits partiels dans le transformateur.

Cette surintensité a une cause commune avec celles qui se déclarent dans les premiers instants de la mise en court-circuit brusque d'un alternateur et qui proviennent de ce que certaines réactances n'ont pas eu le temps de se développer de suite.

Il y a lieu, pour les transformateurs comme pour les alternateurs, de prévoir une immobilisation solide des conducteurs et bobinages entre eux, et par rapport au circuit magnétique.

En outre, dans le cas des transformateurs, on se met à l'abri de ce genre de surintensité en assurant une mise sous tension non brusque, mais progressive (une gradation est déjà suffisante) au moyen de *résistances de choc* que l'on insère au premier temps de la fermeture de l'interrupteur, et qui sont court-circuitées au deuxième temps, lorsque l'interrupteur est enclanché à fond.

Les oscillogrammes montrent que le plus fort de la surintensité ne dure que pendant quatre ou cinq périodes, ce qui correspond à $1/10^e$ de seconde (fréquence 50). Par suite, si au moment de l'enclanchement la résistance de choc reste insérée seulement pendant $1/10^e$ de seconde, dans le cas le plus défavorable, le flux aura déjà pris une certaine valeur de telle sorte que la deuxième surintensité, lors de l'enclanchement total, sera réduite de beaucoup.

En somme, l'adjonction d'une résistance de choc permet à l'interrupteur de faire « avaler » en deux morceaux au transformateur les surintensités possibles, avec cette chance de plus que le deuxième morceau s'échappe quelquefois.

Comment sont constituées ces résistances de choc? N'ayant à supporter l'intensité que pendant un temps très court $(1/10^e$ de seconde),

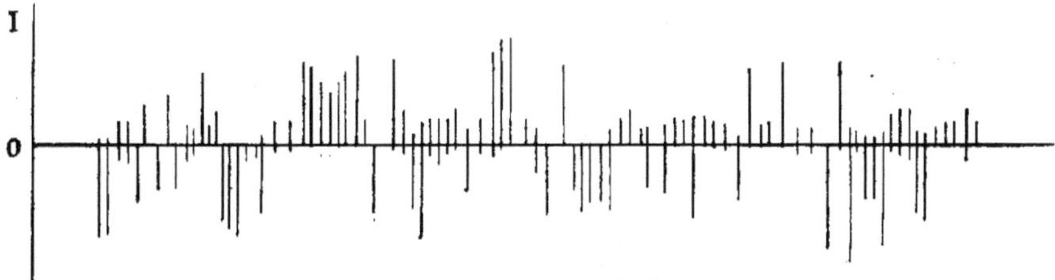

Fig. 72. — Surintensités à la fermeture sur un transformateur sans résistances de choc, à différents instants. (*Bulletin de la Société Internationale des Électriciens.*)

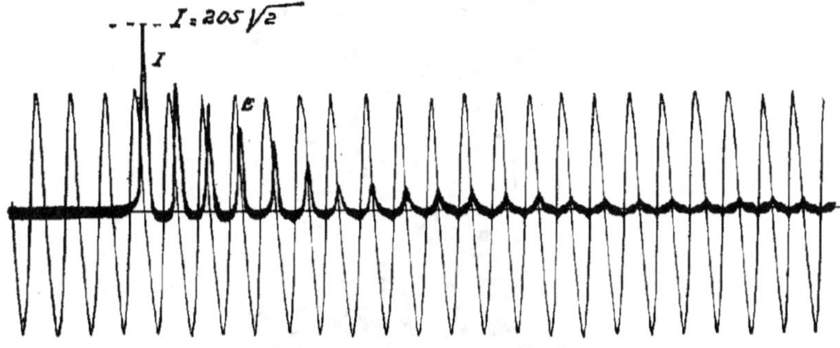

Fig. 73. — Etablissement du courant de régime dans un transformateur à vide.
(*Bulletin de la Société Internationale des Électriciens.*)

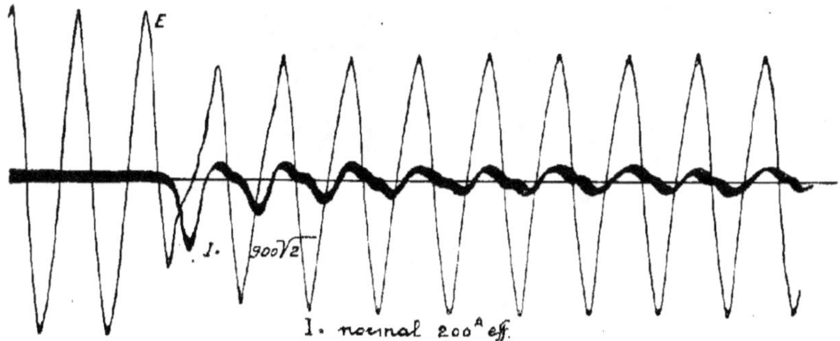

Fig. 74. — Etablissement du courant de régime dans un transformateur en charge.
(*Bulletin de la Société Internationale des Électriciens.*)

elles n'ont pas besoin d'avoir une forte section, et par suite sont peu encombrantes. Certains constructeurs utilisent un ruban en treillis de fil résistant, replié plusieurs fois sur lui-même, avec intercalation de feuilles isolantes (fibre) entre couches.

Fig. 75. — Interrupteur tripolaire à huile 20.000 volts, avec résistances de choc. — Société Œrlikon.

D'autres utilisent une résistance en carborundum (A. E. G.).

Il était tout indiqué de placer ces résistances dans la cuve même de l'interrupteur et au-dessous, où leur immersion dans l'huile assure une évacuation immédiate des quelques calories dégagées lors d'une fermeture, sans leur permettre de s'échauffer notablement. Cette disposition a été utilisée par la plupart des constructeurs.

A titre d'exemple, la figure 75 ci-contre indique la disposition adoptée par la Société de Construction Oerlikon pour ses interrupteurs. Sur chaque pôle de l'interrupteur, une résistance de choc se trouve insérée sur l'une des deux ruptures, au moyen d'un doigt de contact plus long que les pinces des contacts principaux et isolé de ces dernières.

La valeur de cette résistance de choc est, par exemple, pour un transformateur monophasé de 1.000 kilowatts sous 15.000 volts, de $2 \times 2.000 = 4.000$ ohms environ.

Ainsi, la limite supérieure de l'intensité qui peut passer dans cette résistance est : $\dfrac{15.000}{4.000}$ = au plus 4 ampères ; le courant à vide de régime pourra presque déjà s'établir.

CHAPITRE V

Les interrupteurs à huile pour hautes tensions (*Suite*)

Disjoncteurs et relais

Commande des interrupteurs. — Les manœuvres d'ouverture et de fermeture des interrupteurs à huile se font soit à la main, par leviers, volants, avec bielles, tringles, chaînes, câbles, soit électriquement au moyen d'électros d'enclanchement ou de petits moteurs.

La commande par levier peut être directe (interrupteur placé immédiatement derrière le marbre), comme, par exemple, l'indique la figure 62, représentant un interrupteur Œrlikon, ou bien (fig. 76) par renvoi du mouvement au moyen de tringleries; cette

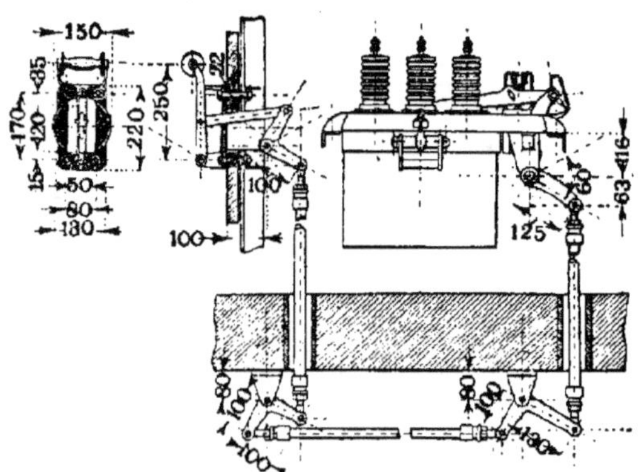

Fig. 76. — Dispositif de commande d'interrupteur Œrlikon. — Tringleries.

dernière disposition permet de disposer l'interrupteur dans une position quelconque jusqu'à une distance de 10 ou 15 mètres, quelquefois plus, du panneau de commande; l'interrupteur peut même être désaxé par rapport au levier de commande. Toutefois, on doit toujours réduire au minimum la longueur et le nombre des tringles et leviers coudés, qui introduisent des résistances dans la manœuvre, et peuvent être sujets à dérangements.

Les tringles sont quelquefois en bois, mais le plus souvent en tubes

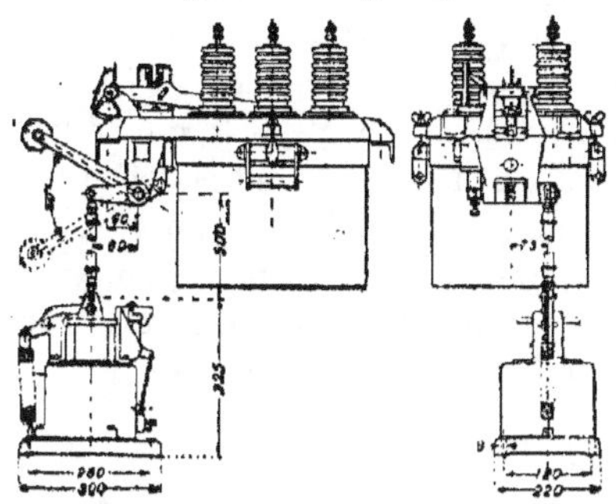

Fig. 77. — Commande d'interrupteur par solénoïde. — Société Œrlikon.

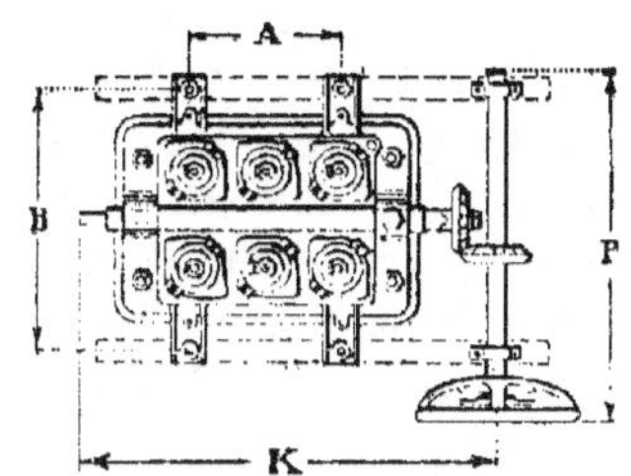

Fig. 78. — Transmission par engrenages d'angle.—Maljournal et Bourron.

de fer, résistant bien à la compression sans flambage, ce qui est important ici.

Le mécanisme sur l'interrupteur même, auquel aboutissent ces renvois de mouvement, se compose de bielles articulées, cames, etc.

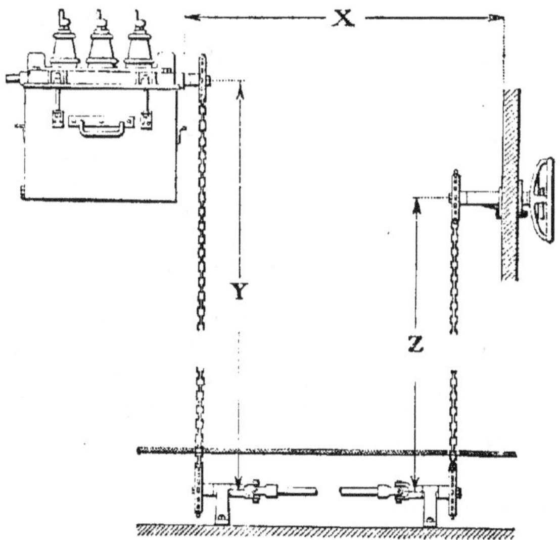

Fig. 79. — Transmission de commande par chaînes. — Maljournal et Bourron.

De même la commande par volant est adaptée soit directement sur l'axe de l'interrupteur, soit à distance, au moyen d'un renvoi de mouvement par câbles d'aciers et chaînes avec roues dentées.

En somme, la commande des interrupteurs, dans tous les dispositifs, est telle que, pour l'enclanchement, on a à vaincre une résistance antagoniste (poids de la partie mobile ou ressorts de rappel), qui assure la rupture brusque à l'ouverture ; lorsque l'enclanchement est effectué, il se trouve en équilibre stable maintenu par un système d'accrochage spécial, disposé de telle façon qu'une simple action à la main (poussoir, retour en arrière du levier ou volant), ou bien l'action du noyau d'un électro de déclanchement sur ce système a pour effet de libérer l'interrupteur qui s'ouvre brusquement.

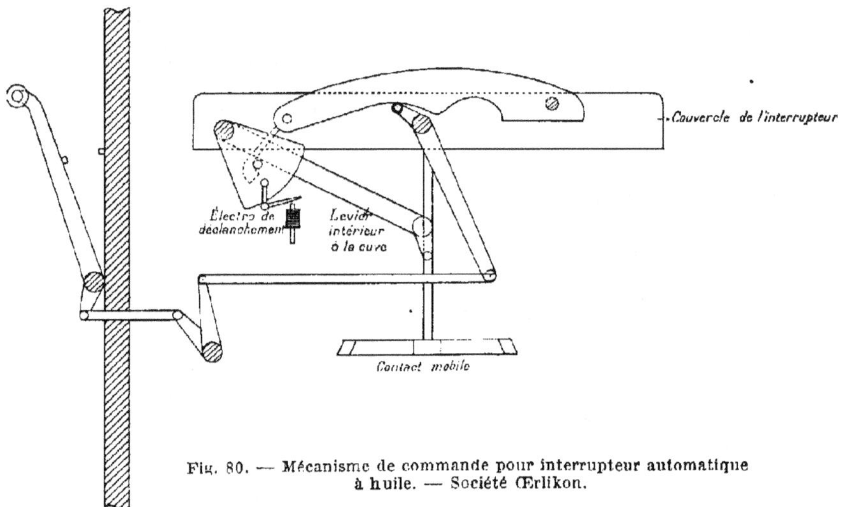

Fig. 80. — Mécanisme de commande pour interrupteur automatique à huile. — Société Œrlikon.

La commande dite à « *réenclanchement empêché* », qui doit exister sur tous les interrupteurs automatiques, a pour but d'empêcher que l'on puisse maintenir volontairement l'interrupteur fermé si la cause qui l'a fait déclancher subsiste et le fait déclancher à nouveau ; à chaque fois, on est alors obligé de ramener le levier ou le volant en arrière, pour accrocher le système de fermeture.

Le mouvement d'ouverture de l'interrupteur est alors indépendant du levier ou volant de manœuvre.

La figure 80 donne, à titre d'exemple, la disposition du mécanisme de commande sur un interrupteur Oerlikon pour 300 ampères à 20.000 volts.

La commande à main convient pour les interrupteurs de petites et moyennes puissances, dont la manœuvre ne demande pas un effort trop grand.

On adopte pourtant quelquefois, même dans ces cas-là, la commande électrique des interrupteurs, mais alors dans un simple but de commodité ; comme nous allons le voir un peu plus loin, la commande électrique consiste à actionner le mécanisme d'ouverture et celui de fermeture à l'aide de deux électros, le dernier devant être beaucoup plus puissant, puisqu'il doit vaincre l'action antagoniste ; la manœuvre de l'interrupteur peut alors s'effectuer au moyen de deux simples boutons fermant le circuit des électros, et ces boutons peuvent être placés n'importe où, loin de l'interrupteur, de même que les appareils de mesure, ampèremètre et voltmètre du circuit correspondant.

La commande et le contrôle de toute une installation peuvent donc être concentrés sur un tableau central, de faibles dimensions, que le surveillant embrasse complètement du regard.

Cet avantage fait souvent adopter la commande électrique, même pour les petits et moyens interrupteurs, près desquels existe néanmoins, le plus souvent, la commande à main indépendamment de la précédente.

Lorsque la puissance des interrupteurs à manœuvrer devient un peu forte, comme c'est le cas pour les groupes générateurs de 1000 kilowatts, et au-dessus d'une station génératrice, la commande électrique s'impose, non seulement au point de vue facilité de manœuvre, mais pour obtenir la rapidité de manœuvre nécessaire pour les couplages en parallèle.

Ainsi, la manœuvre à la main d'interrupteurs bipolaires de 300 ampères sous 15.000 volts est très dure, et celle des interrupteurs tripolaires du même calibre serait presque au-dessus des forces d'un homme moyen.

Certains constructeurs ont quelquefois installé, pour rendre ces interrupteurs plus maniables sans y adjoindre la commande électrique, de forts ressorts compensant une partie du poids de la partie mobile ; il est inutile de dire que cette façon d'opérer est très mauvaise, en ce qu'elle réduit la puissance de rupture de l'interrupteur, puisque cela a pour effet de réduire la vitesse de rupture à l'ouverture.

Dans les cas des gros interrupteurs, la commande électrique devient donc une nécessité.

On a proposé quelquefois une commande à air comprimé, mais l'intérêt de cette disposition s'écroule devant la simplicité et la souplesse de la commande électrique ; or, dans les postes ou stations où l'on manipule de grandes quantités d'énergie électrique, on peut en général en distraire quelques parcelles dans ce but, et autres semblables.

La commande électrique par solénoïdes demande à peu près 2 à

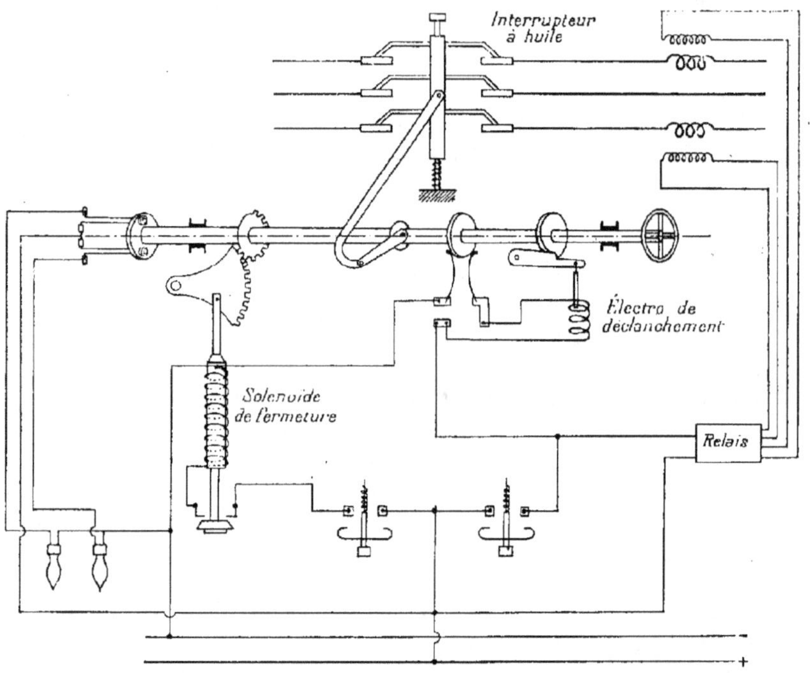

Fig. 81. — Dispositif de commande électrique par solénoïdes. — Société A. E. G.

3 kilowatts pour le gros électro de fermeture, et 200 à 300 watts pour le petit électro d'ouverture. Il est évident que pour les très grands interrupteurs, de plus gros électros peuvent être nécessaires.

Les circuits de commande de ces électros dépendent, non seulement des petits commutateurs à main pour la manœuvre à volonté, mais aussi des dispositifs avec ou sans relais pour la disjonction automatique.

La dernière manœuvre exécutée est indiquée, soit par des lampes-

signaux ou signaux optiques, et quelquefois aussi par un index dont
est pourvu le commutateur de manœuvre.

La figure 81 indique clairement la disposition de commande électrique et automatique adoptée par la Société allemande A. E. G.

La figure 82 se rapporte au dispositif de commande électrique par
moteur, employé par la maison suisse Sprecher et Schuh.

La commande électrique est aussi quelquefois réalisée par un petit
moteur, qui remplace le solénoïde de fermeture.

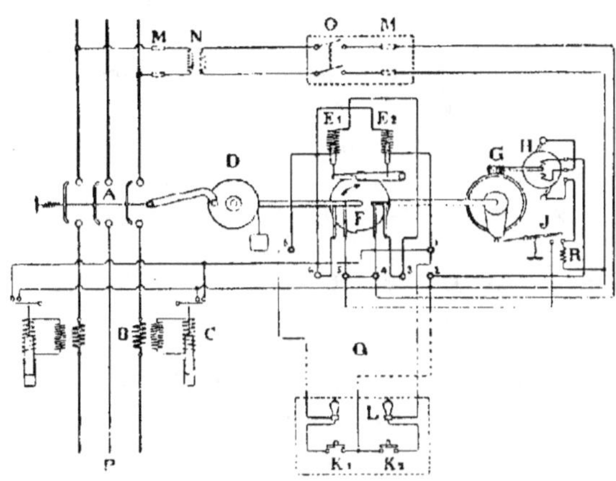

Fig. 82. — Commande par moteur. — Sprecher et Schuh.

La Société Thomson-Houston, entre autres, a adopté cette disposition
pour la commande de ses grands interrupteurs à 13.500 et à 60.000 volts.

La figure 69 montre cette disposition. La manivelle du mécanisme
d'enclanchement est entraînée par le moteur électrique, monté sur le
bâti et qui est muni d'un embrayage magnétique et d'un embrayage
mécanique à glissement. A la fin de chaque course, deux leviers
viennent comprimer deux ressorts correspondants, dont la détente
effectue brusquement le premier mouvement d'ouverture ou de fermeture ; ce mouvement est complété par le moteur de commande qui,
en même temps qu'il achève l'ouverture ou la fermeture, comprime les
ressorts précités.

Cette disposition donne l'instantanéité et la brusquerie nécessaires
aux ouvertures et fermetures, que le moteur seul ne permettrait pas
d'avoir.

Il va sans dire que la détente de ces ressorts est déterminée par de petits électro-aimants.

Le petit moteur, de 2 ou 3 kilowatts, est à courant continu 110 volts ; dans les centrales et postes importants, l'alimentation de ces moteurs est assurée par la petite dynamo d'un groupe convertisseur, à laquelle on adjoint une petite batterie d'accumulateurs.

De cette façon, la manœuvre des interrupteurs est assurée à tout moment, même en cas d'interruption du courant sur le réseau.

Dispositifs d'interruption automatique des disjoncteurs. Relais. — La possibilité de couper de grosses charges, facilement et sans perturbations, par l'adoption des interrupteurs à huile, a été un grand pas. Un second pas devait être fait nécessairement : la réalisation du fonctionnement automatique de ces interrupteurs dans les circonstances les plus dangereuses, c'est-à-dire lors des surcharges et courts-circuits.

Ce deuxième perfectionnement a été réalisé presque aussitôt ; il devait être inspiré d'ailleurs par ce qui existait déjà pour les disjoncteurs à basse tension.

Aussitôt né, l'interrupteur automatique à maxima pour hautes tensions s'est substitué peu à peu aux coupe-circuit fusibles partout où ceux-ci existaient encore comme unique protection contre les surcharges.

En outre, ce disjoncteur à maxima s'est vite augmenté d'autres avantages. Aujourd'hui les interrupteurs à huile peuvent être disposés pour s'ouvrir automatiquement et avec une grande précision dans les cas suivants :

1º En cas de surcharge, si le courant atteint une valeur trop grande ; l'interrupteur est *automatique à maxima* ;

2º Si le courant atteint une valeur trop faible ; l'interrupteur est *automatique à minima.*

Ou bien, cas qui se rattache à celui-ci, si la tension devient nulle (manque de courant) ou bien tombe au-dessous d'une valeur déterminée, l'interrupteur est dit *automatique à tension nulle* ou encore *automatique à manque de voltage* ;

3º Si le sens de circulation de l'énergie électrique entre générateurs et récepteurs s'inverse, l'interrupteur est dit (appellation peu rigoureuse cette fois) *automatique à retour de courant.*

Enfin, le fonctionnement du disjoncteur automatique dans un de ces cas accidentels peut être immédiat, ou bien se produire seulement après un certain délai réglable à volonté ; l'interrupteur est dit alors *à action différée*.

Ces divers dispositifs, d'un fonctionnement sûr, font de l'interrupteur automatique un appareil intelligent, qui supplée avantageusement à la vigilance du meilleur gardien.

C'est ce qui fait que leur emploi est universellement adopté aujourd'hui, et qu'ils rendent les plus grands services dans les centrales et réseaux.

En outre des distinctions qui précèdent, il faut encore établir la suivante :

1° Le ou les électros de déclanchement, qui sont placés, soit sur l'interrupteur, soit sur son levier de manœuvre, peuvent être parcourus directement par le courant principal ou par un courant proportionnel à celui-ci (fourni par un transformateur d'intensité) et agir lorsque cette intensité dépasse ou tombe au-dessous d'une valeur déterminée, ou bien ils peuvent être parcourus directement par un courant proportionnel à la tension et agir, de même, pour des variations de celle-ci.

On dit alors que le contrôle (ou la commande) est direct ;

2° Ou bien l'action de ces courants proportionnels à l'intensité et à la tension au lieu d'agir directement sur l'électro de déclanchement de l'interrupteur, agit sur un *relais* qui dans des conditions déterminées ferme le circuit de l'électro de déclanchement, lequel est alimenté alors, soit par une source de courant auxiliaire, soit même quelquefois par le courant des transformateurs d'intensité lui-même (disjoncteurs à maxima).

On dit alors que le contrôle (ou la commande) est indirect (interrupteurs automatiques à relais).

La première méthode est la plus simple, et est suffisante pour les disjoncteurs à maxima ; elle présente des difficultés toutefois pour les autres dispositifs d'interruption automatique.

La disposition avec relais est plus compliquée, et aussi un peu plus coûteuse que la précédente, mais elle possède des avantages qui compensent assez bien ces inconvénients, puisque les relais sont très employés.

D'abord le relais, que l'on place commodément sur le tableau, à proximité des appareils de commande, est un organe délicat, possédant une grande sensibilité, et que l'on peut régler à tout instant selon les besoins du moment.

Ensuite le relais rend possible, avec la plus grande facilité, le déclanchement automatique dans les cas autres que celui à maxima.

Notamment le réglage de l'action retardatrice ou différée y est réalisé par les dispositions nombreuses et variées que l'on a alors à sa disposition, tandis que l'adaptation directe de l'action retardatrice sur les dispositifs de déclanchement automatique est peu commode, car elle peut entraver le fonctionnement de ceux-ci.

Le schéma figure 83 se rapporte à un interrupteur automatique triphasé, à commande directe.

Enfin l'action par relais peut être beaucoup plus énergique que l'action directe sur le déclanchement, car on peut employer sur le circuit de celui-ci toute la puissance nécessaire, fournie par une source auxiliaire ou par le réseau lui-même, pour produire le déclanchement des mécanismes les plus durs.

Nous allons étudier maintenant les différentes sortes de disjoncteurs automatiques avec les dispositions qui s'y rattachent.

Disjoncteurs automatiques à maxima. — 1° *Sans relais*. — La figure 83 indique la disposition dans le cas d'un circuit triphasé sans conducteur neutre ; deux transformateurs d'intensité et électros de déclanchement suffisent.

Si le réseau comporte un conducteur neutre, ou que le neutre de la distribution soit mis à la terre, il faut alors un dispositif de déclanchement sur chaque *phase*.

Les électros de déclanchement sont en général à noyau plongeur vertical, et le réglage de leur action se fait en modifiant la position de celui-ci par rapport à la bobine. Lorsque l'intensité critique, qui doit faire déclancher, est atteinte, le noyau est attiré brusquement et vient frapper contre une pièce dont il provoque le déclanchement ;

2° *Avec relais*. — La figure 84 indique la disposition dans le cas d'un circuit triphasé (avec neutre à la terre), et déclanchement par une source auxiliaire à courant continu. Lorsque le déclanchement est effectué, le relais est libéré de l'action des transformateurs d'intensité, et le circuit de déclanchement est court-circuité.

Si l'on n'a pas de source auxiliaire ou qu'on veuille simplifier, on

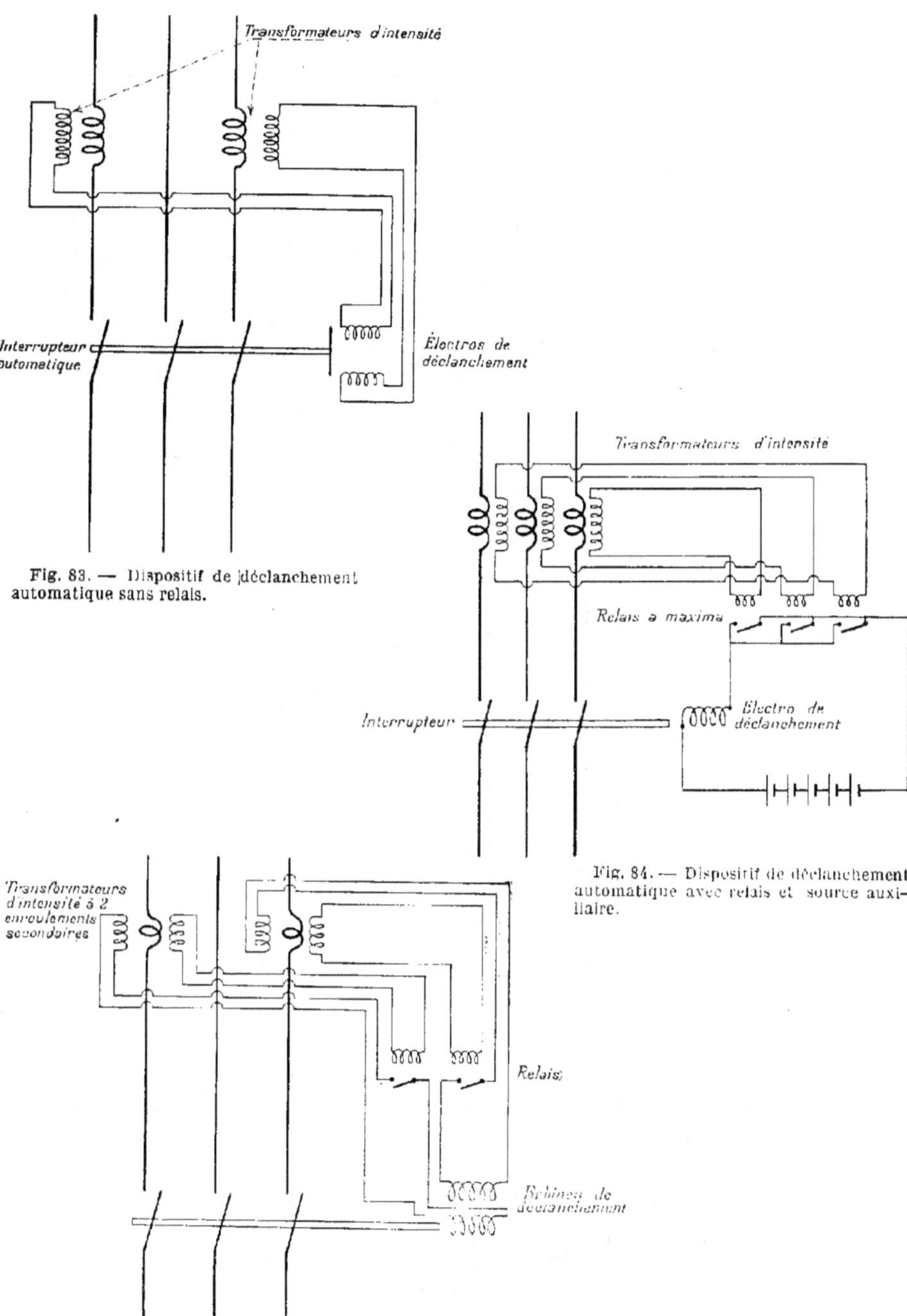

Fig. 83. — Dispositif de déclanchement automatique sans relais.

Fig. 84. — Dispositif de déclanchement automatique avec relais et source auxiliaire.

Fig. 85. — Dispositif de déclanchement automatique avec relais, sans source auxiliaire.

peut se servir, pour produire le déclanchement, du courant alternatif du réseau lui-même ; dans ce cas, ce courant alternatif ne sera pas produit par un transformateur de tension, car, en cas de court-circuit, la tension peut tomber à une valeur trop faible ou même s'annuler, mais par les transformateurs d'intensité eux-mêmes, soit par le même enroulement, soit par un second enroulement. Les figures 85 et 86 donnent les schémas de montage relatifs à ces deux cas.

La figure 87 donne le schéma du montage pour un interrupteur à huile triphasé Thomson-Houston à commande par solénoïde et déclanchement automatique à maxima.

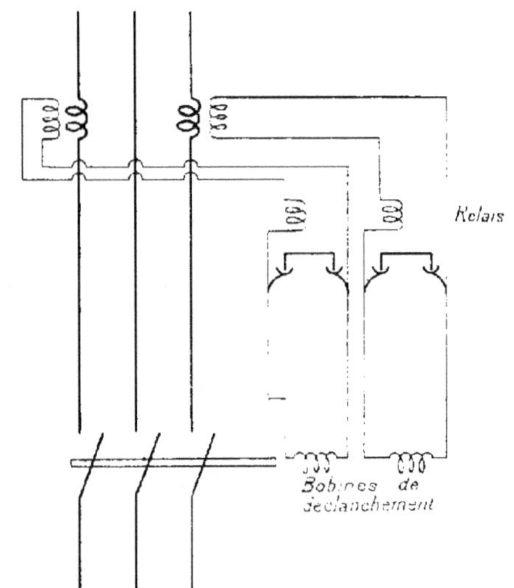

Fig. 86. — Dispositif de déclanchement automatique avec relais, sans source auxiliaire.

Les figures 88 et 89 donnent le schéma du montage d'interrupteur automatique triphasé Thomson-Houston avec relais, contacts en dessus ou contacts en dessous.

Disjoncteurs automatiques à minima et à tension nulle. — La réalisation de ce dispositif comprend en général un électro, parcouru par un courant proportionnel à l'intensité, dans un cas, à la tension dans l'autre, qui maintient son armature en temps normal, pour la

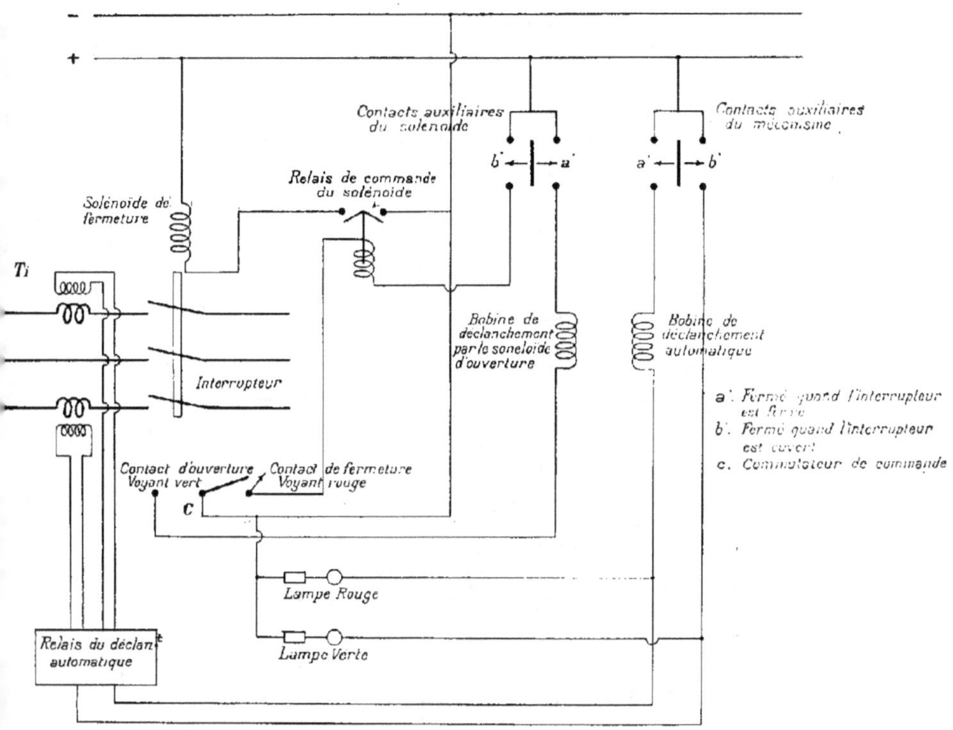

Fig. 87. — Commande par solénoïde et déclanchement automatique à
maxima. — Schéma de montage. — Société Thomson-Houston.

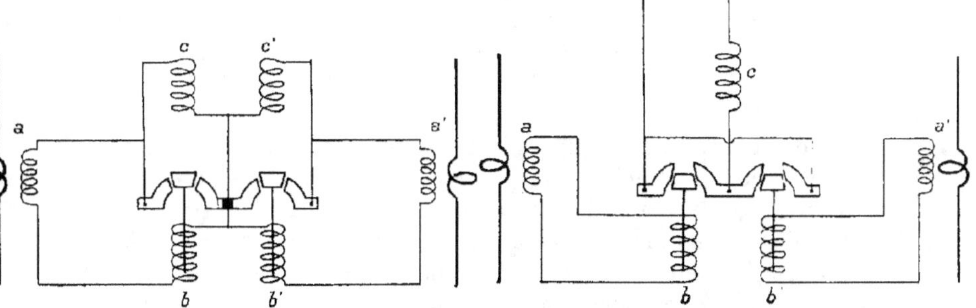

Fig. 88. — Déclanchement avec relais (contacts en
dessus). — Thomson-Houston.

Fig. 89. — Déclanchement avec relais (contacts en
dessous). — Thomson-Houston.

laisser retomber dès que l'intensité ou la tension tombe en dessous d'une valeur déterminée. Ce dispositif est adopté, par exemple pour la mise hors circuit de moteurs, en cas de manque de courant. Il n'est jamais employé seul, l'interrupteur comportant toujours le déclanchement automatique à maxima. Dans ce cas l'interrupteur est donc en général à maxima et à minima.

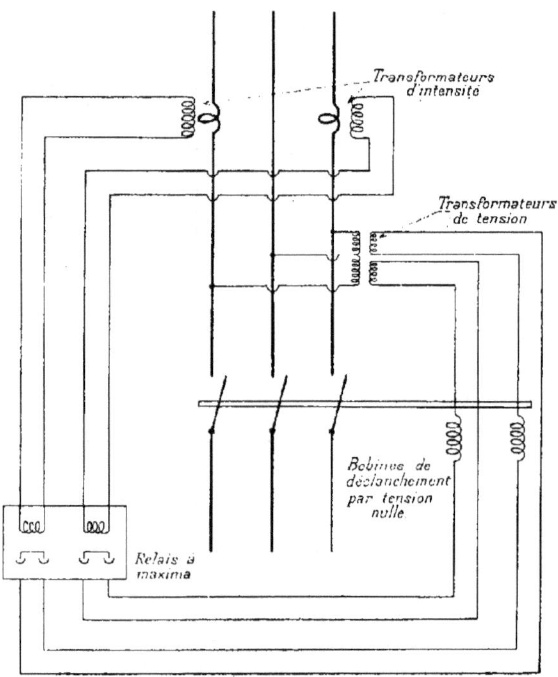

Fig. 90. — Déclanchement automatique à maxima et minima ; disposition spéciale.

Les deux dispositifs sont d'ailleurs souvent combinés d'une façon heureuse, pour simplifier, sans connexions de raccordements supplémentaires ; on insère les contacts du déclanchement à maxima dans le circuit du déclanchement à tension nulle ; lorsque le premier fonctionne, il coupe alors le circuit du second qui, agissant comme s'il y avait manque de tension, provoque l'ouverture de l'interrupteur. La figure 90 indique le schéma d'un dispositif de ce genre.

Disjoncteurs automatiques à retour de courant. — Le système de déclanchement doit fonctionner lorsque le sens de circulation d'énergie entre générateurs et récepteurs s'inverse, par exemple dans le cas d'un moteur synchrone alimenté par un réseau et conduisant une dynamo à courant continu ayant une batterie-tampon à ses bornes (par exemple groupe convertisseur pour tramways) ; si le courant du réseau vient à manquer, la dynamo peut fonctionner en moteur sur la batterie, et le moteur synchrone fonctionnera en générateur, ce qu'il y a lieu d'empêcher. Ce sera encore le cas lorsque plusieurs alternateurs travaillent en parallèle sur un réseau, et que le moteur de l'un d'eux ne donne plus de force (admission coupée) ; le groupe continuerait à tourner, l'alternateur travaillant en moteur synchrone.

La dénomination *à retour de courant* n'est pas tout à fait correcte, car, ainsi que le fait remarquer M. Henry dans la *Revue de l'Industrie électrique* (1909, page 533), elle ne peut s'appliquer que dans le cas du courant continu, puisque c'est avec cette forme de courant seulement que le dispositif peut dépendre du sens du courant.

L'appellation plus exacte, dans le cas de l'alternatif, serait *à retour*

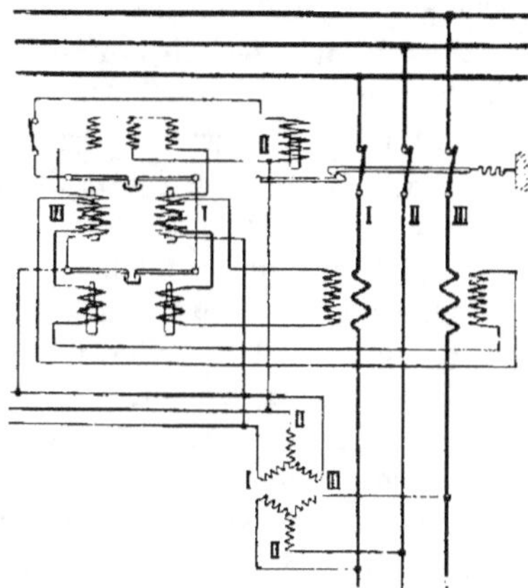

Fig. 91. — Déclanchement à maxima, retour de courant et minima.
Ateliers de Constructions électriques de Delle. (Procédés Sprecher et Schuh.)

d'énergie ; nous conserverons néanmoins la première, puisque c'est celle qui est adoptée.

La disposition consiste en un système d'électros, les uns dépendant de l'intensité, les autres de la tension, et qui donnent, comme dans un wattmètre, une composante proportionnelle à la puissance, dirigée dans un sens ou dans l'autre suivant le sens de circulation de l'énergie dans les conducteurs à haute tension.

Cette composante agit sur un disque et tend à le faire tourner dans un sens ou dans l'autre ; le disque est retenu dans un sens lorsque la marche est normale, et lorsqu'il y a inversion ou retour de courant, il peut tourner en sens inverse et provoquer par des contacts l'ouverture du disjoncteur. Cet ensemble constitue le *relais wattmétrique*.

Ce relais peut d'ailleurs être combiné avec le dispositif à maxima et à minima de tension. Les mêmes transformateurs de potentiel et d'intensité servent à ces deux fins.

L'interrupteur est alors à déclanchement automatique à maxima, à minima et à retour de courant.

La figure 91 indique la disposition schématique d'un tel relais.

Action différée. — Ainsi que nous l'avons déjà dit, il y a intérêt, pour les disjoncteurs à maxima notamment, à ce que l'interruption du courant n'ait pas lieu immédiatement lorsque la surcharge se produit. Il est des surcharges ou à-coups de faible durée, qui ne se maintiennent pas, et une interruption prématurée du courant pourrait être plus préjudiciable (par les perturbations qu'elle apporte dans un réseau) que la surcharge momentanée qui l'aurait déterminée.

Il importe donc que l'action du dispositif de déclanchement ne soit pas immédiate, et l'on munit ce dispositif d'un système retardateur, dont l'influence est réglable à volonté, et qui empêche au dispositif d'interruption d'agir avant un temps déterminé : le retard peut varier en général de une à vingt secondes. Ce système retardateur, qui détermine l'*action différée* du disjoncteur, permet également, comme nous l'indiquons par ailleurs, de régler, dans un réseau, la coordination des divers automatiques pour l'interruption en cas de surcharge.

Certains systèmes retardateurs sont construits de telle sorte que le retard est fonction de l'importance de la surcharge ; pour une faible surcharge il sera plus grand ; pour un court-circuit franc, il sera à peu près nul ; cette disposition est la plus rationnelle.

D'autres systèmes sont établis de telle sorte que le retard est indépendant de la valeur de la surcharge ; il conserve en toutes circonstances la valeur fixe qu'on a réglée, par exemple cinq secondes. Ce système n'a de raison d'être que dans certains cas particuliers.

L'action retardatrice est réalisée de différentes façons par les constructeurs, que nous allons voir au cours de l'inspection de quelques systèmes de relais.

Description de quelques systèmes de relais. — Il en existe de nombreux. Chaque constructeur d'interrupteurs a établi son système de relais. D'autres maisons font également les relais seuls, comme, par exemple, la Compagnie pour la Fabrication des Compteurs, de Paris.

Relais de la Compagnie des Compteurs. — La figure 92 représente un relais de cette fabrication. Un ou des électros, parcourus par un courant d'intensité ou de tension, agissent sur un disque en cuivre

Fig. 92. — Relais tripolaire de la Compagnie pour la fabrication des compteurs.

rouge et tendent à l'entraîner dans le sens amenant la disjonction de l'interrupteur. Lorsque cette action dépasse la limite de réglage, le couple exercé sur le disque dépasse celui correspondant au contrepoids M et le soulève par l'intermédiaire du ruban métallique C qui s'enroule sur son tambour ; le ruban C' se déroule. L'axe O entraîné actionne les contacts de relais apparents sur la figure sur le devant de l'appareil.

Le réglage de l'action se fait en modifiant la position de la palette P qui augmente ou diminue l'entrefer.

Le réglage de la temporisation est obtenu par un déplacement vertical de la butée R, qui fait varier la course nécessaire pour produire le contact C (voir figure 93).

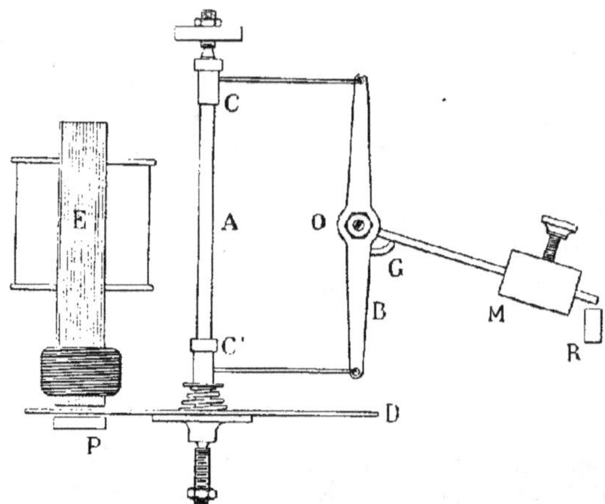

Fig. 93. — Schéma du relais de la Compagnie des compteurs.

Relais Alioth. — Dans ce relais, une armature en tôle de fer, retenue par un ressort antagoniste, tend à tourner sous l'action du champ de l'électro ; cette armature, arrivée au bout de sa course, établit directement les contacts entre pièces de charbon.

Il existe aussi le relais à moteur Alioth, basé sur le même principe que celui de la Compagnie des Compteurs. Le disque actionne un secteur denté calé sur son axe. Le couple que doit vaincre ce disque est le même dans toutes les positions du disque.

Un contrepoids permet de régler ce couple à vaincre et par conséquent le point de déclanchement.

Le temps de déclanchement est réglé par l'action d'un aimant amortisseur sur le disque.

Relais Brown et Boveri. — Ce relais est encore basé sur le principe du disque de Ferraris. Sur l'axe du disque s'enroule un cordon de soie à l'extrémité duquel est suspendu un poids déterminé, lequel s'oppose à la rotation du disque ; le couple résistant est donc constant. Le poids, lorsqu'il arrive au bout de sa course, ferme un circuit par le moyen de deux contacts horizontaux. L'intensité nécessaire pour l'interruption peut être modifiée par le réglage des poids suspendus. Enfin l'action retardatrice est obtenue par l'allongement ou le raccourcissement du cordon, c'est-à-dire en suspendant le poids plus ou moins près de l'axe.

Relais de l'A. E. G. — Cette Société utilise aussi l'action du champ d'un ou plusieurs électros sur un disque, qui tendent à le faire tourner dans un sens, pendant qu'un ressort antagoniste s'oppose à cette rotation (voir fig. 94).

A maxima et tension nulle.   A retour de courant.   A maxima et action différée.

Fig. 94. — Relais A. E. G.

Le réglage du point de déclanchement est obtenu en agissant sur la tension de ce ressort antagoniste.

Le temps est réglé en avançant ou reculant une vis de contact.

Relais Thomson-Houston. — Ce relais est d'un système, qui, contrairement à la plupart des précédents, utilise, non un disque, mais des électros à noyau plongeur. L'armature de chaque électro est pourvue d'un cône qui, suivant la position de celle-ci, peut relier des contacts fixes. Ces contacts sont disposés de deux façons :

1º *Contacts en dessus.* — Le schéma figure 88 indique clairement le fonctionnement du relais ; le circuit de l'électro de déclanchement est normalement ouvert, et ne se ferme que lorsque l'armature du relais est soulevée. Cette disposition est employée lorsque l'ouverture de l'interrupteur à huile est obtenue au moyen d'une source auxiliaire ;

2º *Contacts en dessous.* — Le schéma figure 89 se rapporte à cette disposition ; le circuit des électros de déclanchement est normalement court-circuité, et ne reçoit le courant que lorsque l'armature est soulevée. Cette disposition est employée lorsque l'ouverture de l'interrupteur doit être commandée par le courant alternatif même qui passe dans le relais.

L'effet retardateur est obtenu au moyen d'un soufflet à air. La résistance opposée par ce soufflet est réglable en modifiant la section de l'orifice d'échappement de l'air comprimé ; le retard peut varier de zéro à une minute.

L'intensité nécessaire au déclanchement est réglée en modifiant la hauteur du noyau dans la bobine.

Relais Oerlikon. — Ce relais, que représente la figure 95, repose sur l'action d'un électro-aimant sur un disque d'aluminium ; sur l'axe de ce disque est calé un petit pignon qui engrène avec une crémaillère verticale.

Fig. 95. — Relais bipolaire à maxima et action différée. — Société Oerlikon.

Cette crémaillère, arrivée au bout de sa course lors de la rotation du disque, soulève un petit cavalier conducteur plongeant dans deux godets de mercure, et donne accès au courant dans la bobine de déclanchement de l'interrupteur.

L'intensité de déclanchement actionnant le disque est réglée par la position de l'électro sur le disque. L'action antagoniste qu'a à vaincre l'électro est constituée par le poids de la crémaillère, qui se déplace verticalement entre des galets aigus.

L'action retardatrice est obtenue en modifiant la position initiale de la crémaillère au moyen d'une butée sur laquelle repose cette crémaillère.

Elle est donc fonction aussi de l'intensité de l'action qui fait tourner le disque.

Fig. 96.

Relais direct sur haute tension.   Relais avec transformateurs d'intensité.
Ateliers de Constructions Électriques de Delle. (Procédés Sprecher et Schuh.)

Relais Maljournal et Bourron. — La figure 97 donne une vue du relais pour montage avec transformateurs réducteurs.

Le relais est constitué par un électro avec noyau plongeur, dont la

Fig. 97.— Relais bipolaire. — Maljournal et Bourron.

position initiale en hauteur peut être modifiée pour le réglage de l'intensité nécessaire au déclanchement.

Le noyau se prolonge et aboutit dans un dashpot ou pompe à air faisant l'office de retardateur réglable.

Interrupteurs de couplage. — Dans cette étude d'interrupteurs, nous ne pouvons passer sous silence les interrupteurs à huile, qui moyennant l'adjonction de certains accessoires, servent également au couplage en parallèle, soit d'un groupe générateur avec d'autres groupes en marche, soit de deux usines ou réseaux en marche, soit enfin d'un moteur synchrone sur un réseau. Nous allons donc examiner brièvement les diverses dispositions adoptées pour les interrupteurs de couplage.

Les interrupteurs de groupe sont ainsi à la fois des interrupteurs pouvant être manœuvrés à volonté à tout instant, des interrupteurs automatiques à maxima, des interrupteurs de couplage.

Les interrupteurs de moteurs synchrones sont à la fois des interrupteurs manœuvrables à volonté, des interrupteurs à maxima ou à minima ou à tension nulle, quelquefois des interrupteurs à retour de courant et des interrupteurs de couplage.

Les interrupteurs pour couplage de réseaux en parallèle sont à la fois des interrupteurs manœuvrables à volonté, des interrupteurs à maxima (en cas d'un couplage manqué), quelquefois à minima ou retour de courant.

La plus ancienne disposition employée pour les couplages en parallèle fut celle utilisant des lampes de phase indiquant la concordance de phase par rapport au réseau, soit à l'extinction, soit à l'allumage (connexions croisées).

Cette disposition primitive fut bientôt insuffisante lorsqu'il s'agit de la mise en parallèle des puissants groupes modernes, nécessitant une précision plus grande dans la mise en phase précédant le couplage ; dans ces manœuvres de couplage, en effet, avec les gros alternateurs, le moindre écart de phase au moment du couplage détermine des surintensités très fortes, et le moindre écart synchronisme des oscillations prononcées après le couplage.

On a donc employé des appareils plus précis que les lampes de phase : les indicateurs de synchronisme, comportant un équipage électromagnétique commandant une aiguille qui tourne dans un sens ou dans l'autre sur un cadran, suivant l'excès ou le manque de vitesse. Lorsque le synchronisme est près d'être atteint, l'aiguille s'immobilise presque, et lorsqu'elle passe en un point déterminé du cadran, correspondant à la concordance de phase, on ferme l'interrupteur de couplage.

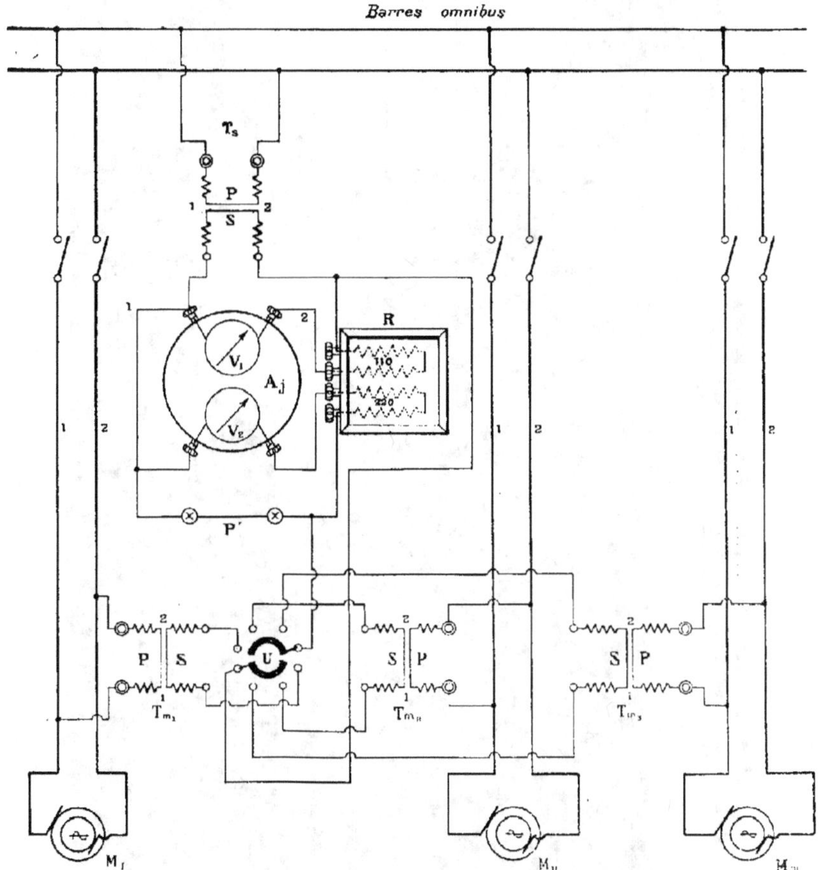

Fig. 98. — Exemple d'une disposition pour couplage en parallèle d'alternateurs, avec voltmètre double. — (Œrlikon).

Une autre disposition utilise aussi pour cette opération un voltmètre de couplage ou voltmètre double ; l'une des aiguilles marque la tension du réseau fixe ; l'autre indique la tension correspondant à la différence de phase (connexions croisées) ; le couplage se fait au moment où les deux aiguillles coïncident *exactement* ; ce moment coïncide avec celui où brillait la lampe de phase primitive (couplage à l'allumage).

Fig. 99. — Interrupteur de couplage automatique (Richard Heller), 2.000 kilowatts.

Le schéma figure 98 montre clairement le fonctionnement de cette disposition.

Enfin, on a préconisé, depuis quelques années (et certains constructeurs mettent en vente), des interrupteurs de couplages automatiques, comportant un interrupteur automatique à maxima ordinaire, auquel est adjoint un système assez complexe, qui détermine sa fermeture lorsque le voltage, le synchronisme et la concordance de phase sont réalisés.

Il se peut que ces appareils automatiques (dont la figure 99 donne un exemple) fonctionnent très bien et sans erreur, mais il est évident que pour de telles manœuvres, qui, du reste, sont relativement peu fréquentes, il est préférable de confier la poignée de l'interrupteur à un électricien expérimenté qu'à un mécanisme automatique.

Dans ce dernier, en effet, on est toujours à la merci d'un déréglage, rupture de circuit auxiliaire, desserrage de vis, etc., qui peuvent fausser le fonctionnement.

Tout au plus pourrait-on adjoindre aux interrupteurs de couplage ordinaires un système basé sur ce principe, mais se bornant à empêcher l'enclanchement de l'interrupteur si, par hasard, l'électricien qui le manœuvre ne le ferme pas au bon moment.

Quoi qu'il en soit, l'emploi des interrupteurs de couplage automatiques n'a pas encore tendance à se généraliser dans les stations centrales génératrices.

CHAPITRE VI

Les interrupteurs à huile pour hautes tensions (*Suite*)

Huile pour interrupteurs. — Les qualités isolantes et la rigidité diélectrique de l'huile minérale l'ont fait employer, à l'exclusion de tout autre produit, pour les transformateurs et les interrupteurs ainsi que pour certains coupe-circuit fusibles.

L'huile ne travaille pas de la même façon dans ces divers emplois.

Pour les transformateurs, elle sert à assurer l'isolement et le refroidissement ; c'est grâce à elle que l'on peut construire économiquement les transformateurs pour très hautes tensions, jusqu'à 750.000 volts et plus, qui, dans l'air, seraient bien difficilement réalisables.

Dans les transformateurs, l'huile assure le refroidissement soit par les parois (refroidissement naturel), soit par circulation d'eau, soit aussi par circulation de cette huile elle-même hors du transformateur dans des serpentins refroidis extérieurement. L'huile doit alors être fluide, et non épaisse comme le sont les huiles de résine.

L'huile est soumise en régime à une température de 50° à 80°, suivant la puissance des transformateurs ; il est nécessaire alors qu'elle soit bien raffinée pour ne pas donner de dépôts qui entraveraient le refroidissement des enroulements et surtout le refroidissement par les serpentins. L'huile des transformateurs n'est pas soumise à des arcs.

Dans les interrupteurs, par contre, l'huile n'est pas chaude en régime ; elle ne doit pas dépasser de plus de quelques degrés centigrades la température ambiante, sinon ce serait l'indice d'un très mauvais contact dans l'interrupteur qu'elle baigne. Mais cette huile est soumise alors plus ou moins fréquemment aux arcs de rupture qu'elle doit éteindre ; elle n'est donc pas soumise à une lente décomposition par l'échauffement, comme dans les transformateurs, mais à une succession de rapides décompositions dans les parties voisines des points de rupture. Une partie de cette huile est carbonisée, et les traces charbonneuses, en suspension dans l'huile, se déposent lentement sur les pièces et isolateurs. Cette carbonisation est d'autant plus abondante que l'huile contient plus de matières résineuses et asphaltiques. Il importe donc encore, mais ici pour une raison différente, que l'huile employée soit bien raffinée et débarrassée de ces matières.

De même, l'huile doit être bien fluide, pour suivre le mouvement rapide des pièces de rupture et étouffer les arcs.

La similitude des qualités requises pour les deux cas fait que le plus souvent on emploie indifféremment la même huile pour les transformateurs et pour les interrupteurs.

Voyons donc en détail quelles doivent être ces qualités.

Qualités électriques. — L'huile doit avoir une rigidité électrostatique suffisante. On admet qu'à la température de 25° centigrades, l'étincelle disruptive ne doit jaillir qu'à 10.000 volts entre deux boules de 1 centimètre de diamètre, écartées de $10/10^e$ de millimètre, 20.000 volts pour 2 millimètres, 30.000 volts pour $3^{mm},75$.

Ces chiffres ne sont pas rigoureux, mais donnent une indication de l'ordre de grandeur que doit avoir cette rigidité.

Une rigidité notablement inférieure serait l'indice que l'huile minérale contient de l'eau ou des impuretés. La présence de l'eau, même en quantité très faible (quelques centièmes), suffit à réduire de moitié la rigidité électrostatique.

Les huiles doivent donc être séchées soigneusement et complètement, la chose est d'ailleurs très facile.

Pour déceler la présence d'humidité dans l'huile, on indique plusieurs moyens : certaines huiles sont d'apparence trouble lorsquelles contiennent de l'eau ; en mettant un peu de sulfate de cuivre bien anhydre (poudre blanche) dans l'huile, celle-ci prend une coloration bleue si elle contient de l'eau.

Le plus souvent, lorsqu'une huile contient une notable quantité d'eau, celle-ci se dépose au fond du récipient très visiblement. Lorsque cela ne se produit pas, on prend néanmoins la précaution de sécher l'huile par un des procédés ci-après indiqués.

Qualités physiques. — Le poids spécifique des huiles minérales pour interrupteurs et transformateurs est de 0,89 à 0,91.

La viscosité par rapport à celle de l'eau est de 10 environ.

La température d'inflammation doit être au moins de 200 degrés centigrades.

La température de solidification doit être inférieure à — 15 degrés centigrades.

L'huile doit être claire, limpide, et ne pas donner de dépôt appréciable, après six heures de repos dans un récipient.

Qualités chimiques. — L'huile minérale, raffinée, doit être exempte d'acides minéraux surtout, ne pas contenir non plus d'alcalis résultant des lavages pour éliminer les acides.

La teneur en résidu asphaltique ne pourra dépasser 0,4 pour 100.

La teneur en résine soluble dans l'alcool à 70/100e sera inférieure à 0,5 %.

La teneur en eau sera pratiquement nulle.

Remise en état des huiles. — Cette question a une grande importance économique dans les installations importantes, où l'on change périodiquement les huiles d'interrupteurs qui sont devenues charbonneuses. Il est avantageux alors d'installer un dispositif de filtration consistant en un lit de sable sec de 30 centimètres d'épaisseur, sur lequel on étendra une couche de 10 centimètres de noir animal. L'huile ainsi filtrée devient claire, exempte de toute trace charbonneuse, propre à être utilisée de nouveau.

Cette remise en état est intéressante, si l'on considère que le prix de l'huile varie de 30 à 50 francs les 100 kilos et que dans les gros interrupteurs à haute tension, il en faut des quantités considérables.

Séchage. — Il existe beaucoup de moyens pour sécher les huiles humides : le procédé consistant à les chauffer au feu dans un récipient n'est pas à recommander, car on risque fort une inflammation accidentelle. Le procédé le plus courant consiste à les sécher électriquement, au moyen de résistances convenablement calculées, que l'on immerge complètement dans l'huile : il faut que les calories que l'on rayonne dans l'huile soient émises par une surface assez grande afin que l'huile qui est en contact avec ces résistances ne soit pas portée à une température trop élevée ; les résistances doivent être convenablement disposées pour que le mouvement de l'huile chaude se fasse librement ; on peut y aider avec des agitateurs.

Lorsqu'on sèche les huiles mouillées en les chauffant à l'air libre, on constate que tant qu'elles contiennent de l'eau leur température ne peut dépasser 100° ; l'ébullition de l'eau s'effectue ; lorsque celle-ci est totalement vaporisée, la température monte alors jusqu'à 110° ou 120° (ne pas monter plus haut et maintenir cette température pendant quelque temps). Il n'est pas nécessaire d'attendre 12 heures ou 24 heures, comme certains praticiens le recommandent. Quelques heures, 2 ou 3, suffisent.

On peut aussi sécher chimiquement les huiles au moyen de chaux vive, qui absorbe l'humidité et les débarrasse en même temps des acides ; il faut alors laisser déposer la chaux hydratée et les sels de calcium, et décanter.

On a proposé aussi de déshydrater au moyen de sodium, qui en présence de l'eau donne de la soude et de l'hydrogène ; mais il faut ensuite enlever cette soude qui est aussi nuisible que l'eau elle-même ; le procédé est donc loin d'être le meilleur.

Enfin, quelques praticiens conseillent le séchage au moyen d'un barbotage d'air chaud, ou encore par chauffage simple à 70°, en vase clos, dans lequel on fait le vide pour accélérer l'évaporation.

Vérification et entretien des interrupteurs. — La durée de l'huile des interrupteurs dépend essentiellement de la fréquence du fonctionnement, et de la valeur moyenne des surcharges coupées à chaque fois.

Par exemple, un interrupteur qui ne fonctionne que rarement et sans fortes surcharges, une fois ou deux par mois, pourra être laissé en service avec la même huile pendant deux ou trois ans même sans nécessiter d'autre précaution à ce point de vue que le nettoyage des dépôts sur les isolateurs intérieurs. Ce sera le cas par exemple d'un interrupteur de section d'un réseau de distribution, sur laquelle les incidents d'exploitation sont très rares.

Tel autre interrupteur automatique, commandant un transformateur qui alimente un four électrique à marche tourmentée, et qui est exposé à couper 20 ou 30 fois par jour les surcharges ou courts-circuits, aura son huile hors de service au bout d'un mois ; elle sera si charbonneuse qu'il deviendra urgent de la remplacer.

A chaque fonctionnement, une petite quantité de l'huile est décomposée par les arcs de rupture ; le carbone qui est laissé en suspension dans l'huile se dépose au fond de la cuve et sur les pièces de l'interrupteur. Sa présence pouvant être dangereuse, à la longue, sur les isolateurs en porcelaine qui plongent dans l'huile, on doit veiller à nettoyer ces dépôts à temps, sans attendre qu'ils forment de véritables couches de suie.

La vérification et l'entretien des interrupteurs portent aussi sur un autre point essentiel : les contacts.

Les pièces de contact deviennent granuleuses aux points de rupture après des interruptions répétées; des gouttelettes de cuivre se forment, aussi bien sur les lames de contact qu'à l'extrémité des pinces dans lesquelles elles pénètrent, et il est indispensable de nettoyer et niveler ces inégalités, qui empêcheraient le contact parfait et amèneraient, par suite, échauffement et détérioration rapide de l'interrupteur. Cette opération se fait avec une lime douce et de la toile émeri fine ; lorsque le travail est fait sur l'interrupteur même, il faut, évidemment, se prémunir contre la chute des limailles dans la cuve qui est au-dessous. Si la retouche est importante, il est préférable de démonter la pièce pour la travailler à l'aise et minutieusement.

Les pinces de contact dont nous avons parlé dans les descriptions du chapitre précédent sont généralement multiples pour chaque contact et disposées pour être démontées ou remplacées facilement, ce qui doit être fait dès qu'elles sont trop usées et ne portent plus sur la lame. Dans les interrupteurs bien construits, ce remplacement porte surtout sur les doigts de contact de rupture plus longs, disposés pour y localiser les arcs de rupture.

Nous avons parlé précédemment de l'adjonction de résistances de choc intérieures dans les interrupteurs qui commandent les transformateurs, et indiqué leur disposition. On remarque souvent, dans ce cas, que la corrosion du métal se porte (fig. 100) principalement en a, aux contacts principaux du côté de la résistance de choc, et faiblement en b aux doigts de rupture plus longs, qui sont pourtant spécialement disposés pour que l'arc de rupture s'y localise. Cela provient de ce que la première rupture se fait effectivement en a et est la plus importante, bien que le circuit ne soit pas encore complètement ouvert, si la résistance de choc R a une valeur trop considérable.

Il importe donc, et ce aussi bien pour l'enclanchement que pour le déclanchement, que l'on adopte pour cette résistance de choc la plus faible valeur compatible avec une surintensité suffisamment faible à la fermeture. On peut aussi disposer un doigt de rupture supplémentaire b' sur la pince a.

Nous avons vu, au début d'un précédent chapitre, qu'au moment de l'interruption d'un court-circuit par l'interrupteur, une puissance énorme se trouve concentrée dans les points de rupture, pendant un temps très court ; l'énergie correspondante amène la fusion d'une partie des pièces métalliques, sa volatilisation et la décomposition instantanée d'une certaine partie de l'huile ; il se forme donc autour de l'arc de rupture une poche gazeuse, sous une certaine pression due à l'inertie

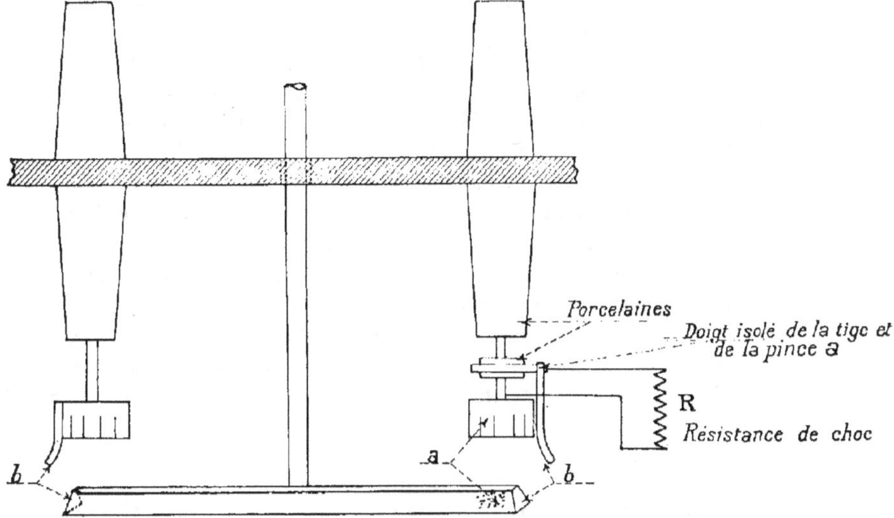

Fig. 100 — Interrupteur à huile Œrlikon avec résistances de choc. Effet des ruptures.

de l'huile environnante, puis les gaz en se détendant pour s'échapper projettent souvent, lors de violents courts-circuits, une bonne partie de l'huile hors de l'interrupteur.

Après les fonctionnements d'une telle violence, qui se produisent quelquefois, il faut donc vérifier le niveau de l'huile dans la cuve et remplacer ce qui manque.

Enfin, l'interrupteur automatique étant l'appareil sur lequel repose la sécurité de l'installation, il faut de temps en temps s'assurer que sa protection est bien effective et que rien n'empêchera son fonctionnement au moment voulu.

L'inspection de la fixation des mécanismes, axes, bielles, goupilles, tringles, la vérification des circuits des relais et électros de déclanchement, doivent donc être faites de temps en temps, très minutieusement.

Mise à la terre des bâtis. — Les charpentes métalliques portant les interrupteurs à haute tension, et mieux la masse elle-même de ces interrupteurs, doivent être mises soigneusement à la terre. Dans les meilleurs interrupteurs, il peut en effet se produire un défaut d'isolement qui mette à la masse un des pôles de l'interrupteur sous tension, et si celle-ci, ni la charpente ne sont soigneusement reliées à la terre, des accidents quelquefois mortels sont à redouter pour ceux qui les toucheront.

A cet effet, un fil de cuivre principal, terminé par une borne prise de terre, sera relié aux ferrures principales des charpentes.

Sur la masse de chaque interrupteur (couvercle), un fil de cuivre sera fixé et relié au fil de terre principal.

Les défauts d'isolement à la masse, quoique rares, peuvent parfaitement se produire dans ces appareils dont le fonctionnement est accompagné d'arcs de rupture d'une violence quelquefois incalculable.

En outre, les interrupteurs sont exposés à tous les phénomènes de surtension qui peuvent se produire dans un réseau.

Pour toutes ces raisons, une porcelaine peut être fissurée, une tige isolante en bois, par exemple, peut être percée par le courant dans toute sa longueur, ou carbonisée superficiellement. Nous avons vu ces cas se produire quelquefois.

CONDITIONS D'EMPLOI DES INTERRUPTEURS A HUILE

Réglage des dispositifs automatiques. — Les cas d'emploi des interrupteurs à huile non automatiques sont plutôt rares, si l'on considère des installations conçues d'une façon rationnelle. Dans l'immense majorité des cas, il y a nécessité de protéger l'appareil, l'installation, la section que l'on alimente, contre une surcharge, une interruption de courant, une inversion de courant, et en même temps le reste du réseau et les sources génératrices contre les courts-circuits, surcharges, pouvant survenir aux points ou régions alimentés.

Les dispositifs d'interruption automatique à maxima, minima, retour de courant, manque de voltage, accompagnent donc le plus souvent l'interrupteur à huile. D'ailleurs, ces dispositifs augmentent relativement peu le prix des interrupteurs seuls, surtout lorsqu'il s'agit de gros appareils, et en regard leurs avantages sont considérables.

Les interrupteurs à huile non automatiques ne seront donc employés que dans les cas où l'ouverture automatique est franchement inutile (quelquefois dans les postes de sectionnement) ou bien là où un interrupteur, pouvant couper en charge, est nécessaire, sans que l'on puisse songer à le munir des accessoires pour le rendre automatique. (Cas des interrupteurs à huile sur poteaux pour lignes aériennes.)

Examinons donc où se placeront les interrupteurs automatiques. Partons de l'usine génératrice : là nous trouvons des alternateurs soit à haute tension alimentant directement le réseau (jusqu'à 15.000 ou 20.000 volts) en passant par les barres omnibus de couplage ; chaque alternateur doit être évidemment protégé par un interrupteur automatique ; l'interrupteur à huile qu'on manœuvre pour le coupler en parallèle avec les groupes en service doit être automatique à maxima, c'est évident.

S'il s'agit d'alternateurs à moyenne tension (4.000, 5.000, 7.000 volts) alimentant une ligne à très haute tension par l'intermédiaire de transformateurs-élévateurs $\frac{5.000}{50.000}$ volts, par exemple), un interrupteur automatique entre l'alternateur et le transformateur sera nécessaire. même s'il y a un automatique à la sortie à 50.000 volts du transformateur, cela bien que certains l'estiment inutile, en considérant le groupe alternateur-transformateur comme faisant un seul bloc générateur. Cette manière de voir n'est pas prudente. Si, en effet, les accidents aux transformateurs sont assez rares, ils arrivent cependant aux meilleurs et, dans ce cas, l'alternateur continuera à débiter dans le transformateur avarié jusqu'à ce que l'on intervienne, alors qu'un automatique entre alternateur et transformateur aurait coupé le courant de suite.

Que risque-t-on ainsi ? De transformer une avarie simple à une bobine ou section de bobine en la destruction totale du transformateur et l'incendie, sans préjudice de la répercussion que l'accident peut avoir sur l'alternateur, quelle que soit sa robustesse.

Or, pour que l'avarie à une bobine de transformateur se propage au reste de l'enroulement, quel temps faut-il ? Quelques secondes, une minute, moins de temps qu'il n'en faut au personnel éloigné pour accourir.

Dans les centrales, il est donc toujours prévu des automatiques aussi bien sur la moyenne que sur la haute tension ; d'ailleurs, la mise en parallèle des groupes générateurs s'effectue presque toujours par le côté moyenne tension.

Des barres omnibus de la station génératrice partent soit des départs pour différentes directions, auquel cas un interrupteur automatique à maxima s'impose pour chaque départ, soit de la ligne de transport de force simple ou multiple.

Dans ce dernier cas, il n'est pas nécessaire de placer un interrupteur automatique général sur le départ : on ne met que de simples couteaux de sectionnement.

La ligne de transport aboutit soit à l'usine réceptrice, qui est ou n'est pas protégée en bloc par un automatique général.

Si la tension de transport ne dépasse pas 15.000 à 20.000 volts au maximum, les différents points centraux de consommation peuvent être alimentés directement ; en chacun de ces points, le transformateur, ou le moteur à haute tension, s'il y a lieu, est protégé par un interrupteur automatique à maxima et à minima quelquefois. On fait exception pour les petits transformateurs d'une puissance au plus égale à 30 ou 50 kilowatts, que l'on se contente de protéger par des coupe-circuit fusibles, car on ne peut songer à immobiliser 1.000 francs dans un automatique pour protéger un appareil qui en vaut seulement 2.000.

Si le transport est à très haute tension, un poste de transformation général, à l'arrivée, abaisse cette tension à une valeur plus maniable. Dans ce cas, les transformateurs doivent être précédés d'interrupteurs automatiques, de même que du côté moyenne tension (distribution), chaque groupe ou appareil récepteur (moteur ou transformateur) est lui-même protégé par un automatique.

Lorsqu'il s'agit de réseaux de distribution, les lignes de transport aboutissent à des postes de distribution centraux, comprenant la ou les arrivées générales, ayant leur interrupteur automatique, et les différents départs des lignes de distribution ; à l'origne de chacun d'eux se trouve encore un interrupteur automatique.

Ces lignes de distribution aboutissent aux postes de transformation, pour éclairage ou force motrice, des communes ou particuliers qui utilisent l'énergie électrique. Là, ainsi que nous l'avons déjà dit, il est encore avantageux d'avoir un interrupteur automatique à chacun de ces postes si sa puissance atteint 50 kilowatts ou 100 kilowatts ; au-dessous, des coupe-circuit fusibles peuvent suffire.

Nous avons dit précédemment que le réglage des dispositifs de déclanchement automatique peut se faire avec beaucoup de précision.

C'est une des opérations délicates de la mise au point d'un réseau de coordonner le réglage des divers automatiques comme intensité et temps de déclanchement, de telle sorte que chaque automatique, tout en protégeant parfaitement l'appareil qu'il commande pour une surcharge déterminée, 25 %, par exemple, déclanche en cas de surcharge ou court-circuit, avant l'interrupteur qui lui est immédiatement supérieur, en remontant aux sources de la distribution, et ainsi de suite. Il ne faut pas, par exemple, qu'un court-circuit sur une dérivation d'une ligne de distribution fasse déclancher à la fois l'interrupteur commandant la dérivation et celui du départ de la ligne de distribution.

En d'autres termes, les incidents ou accidents qui peuvent se produire sur un point du réseau doivent être localisés autant que possible pour ne pas troubler tout le reste de l'installation. Ce réglage est assez facile du reste, et doit être parfait au bout de quelques mois d'exploitation.

Nous pouvons considérer le cas des alternateurs d'une même station génératrice travaillant en parallèle sur le réseau.

S'il se produit sur celui-ci, en un point rapproché de la station génératrice ou tel qu'il n'y ait aucun automatique de sectionnement entre lui et cette dernière, une violente surcharge, telle qu'un court-circuit plus ou moins franc, comment doivent se comporter les automatiques des alternateurs?

D'abord, il convient qu'ils soient à action très différée, car le défaut (branche d'arbre ou autre) peut disparaître de suite ; une interruption prématurée du courant pourrait être plus nuisible que la surcharge momentanée elle-même.

S'il s'agit d'une surcharge plus violente (court-circuit franc entre fils de ligne, par exemple), les disjoncteurs des alternateurs s'ouvriront presque instantanément. Sur une telle surcharge importante, convient-il que ces interrupteurs s'ouvrent tous simultanément ou bien est-il indifférent qu'ils s'ouvrent successivement ?

D'abord, supposons que les relais soient réglés tous au même point, ou proportionnellement à la puissance de leur groupe, suivant que les alternateurs sont de même puissance ou de puissance différente, que l'action soit différée de même pour tous les alternateurs. Survient une surcharge ; on peut prévoir et on vérifie expérimentalement que les alternateurs ayant le plus grand moment d'inertie, la plus faible chute de tension interne, c'est-à-dire, en général, les plus puissants, *encaisseront* la majeure partie de l'à-coup, car leur ralentissement sous les débuts de cet à-coup tendra à être relativement moins rapide que pour les alternateurs de moment d'inertie plus faible ; leurs automatiques déclancheront donc les premiers.

S'il s'agit d'une surcharge pas trop brutale, telle que les disjoncteurs mettent plusieurs secondes avant de s'ouvrir, la question se compliquera encore par les différences avec lesquelles les moteurs des divers groupes soutiendront l'à-coup : s'ils sont à régulateur automatique, les couples moteurs de chacun s'élèveront plus ou moins vite ; s'ils sont sans régulateur automatique (cas plus rare du réglage à main), les couples moteurs baisseront plus vite pour les uns que pour les autres (car en général le rendement d'un moteur baisse lorsque sa vitesse est en dessous de la vitesse normale).

Qu'arrivera-t-il alors? Les alternateurs qui auront déclanché les premiers, débarrassés de leur part de surcharge, celle-ci se reportera sur les alternateurs qui n'auront pas encore déclanché, et rendra l'à-coup plus sensible pour ces derniers, pour eux et pour les interrupteurs qui les protègent et qui vont s'ouvrir en dernier lieu.

Ceci se passe, notons-le, dans un temps très court. S'il s'agit d'un court-circuit franc, chaque alternateur débite sur ce court-circuit le maximum de ce qu'il peut donner, et le déclanchement des autres alternateurs n'influe pas sur la charge de ceux qui ne déclanchent qu'après, puisque dès le début l'intensité que débite chaque alternateur ne dépend que des constantes internes de cet alternateur. Celui-ci et son interrupteur travaillent dans les conditions les plus dures, et le fonctionnement simultané de tous les automatiques n'adoucirait pas cet à-coup ; mais il va sans dire que les groupes qui seront le moins vite mis hors circuit risqueront de souffrir davantage ; disons d'ailleurs que, dans un tel cas, le déclanchement est à peu près instantané.

Pour les raisons qui précèdent, il est préférable que tous les disjoncteurs soient réglés de telle sorte qu'ils déclanchent simultanément lors d'une forte surcharge, et l'on peut y arriver par tâtonnement d'après les observations faites par le surveillant au tableau, lors des à-coups successifs qui peuvent se produire.

Cette précaution doit avoir son importance, et l'on doit toujours chercher à réduire au minimum les conséquences des accidents possibles.

Lorsqu'il s'agit maintenant de plusieurs usines génératrices travaillant en parallèle sur un réseau, et qu'un défaut absorbant un fort courant se produise en un certain point inégalement distant de ces usines, l'à-coup résultant se répartira différemment sur les diverses sources de courant, suivant les longueurs, sections de ligne, etc. ; si la surcharge est modérée, les interrupteurs automatiques de sectionnement qui se trouveront entre le défaut et les usines s'ouvriront, et celles-ci continueront à marcher ; c'est ainsi que cela doit se passer autant que possible. Si le court-circuit est très violent, il peut se faire, malgré les grosses différences de réglage des disjoncteurs d'usine et de ceux de sectionnement des lignes, que tous déclanchent à la fois, car l'inertie des relais tendra à égaliser le temps, très court, qui sera nécessaire pour leur déclanchement respectif.

Si des gros moteurs synchrones se trouvent en fonctionnement sur 'e réseau, en cas d'un court-circuit sur celui-ci, ils fonctionneront instantanément en générateurs, par le fait de leur inertie, car les alternateurs de l'usine génératrice, qui subiront d'abord l'à-coup résultant, prendront vite un léger retard de phase sur les moteurs synchrones, qui alors débiteront instantanément une forte intensité sur le court-circuit.

Les automatiques à maxima qui les protègent s'ouvriront donc aussi. Si ces automatiques sont en même temps à minima ou à retour de courant (comme cela pourra être le cas pour des moteurs synchrones actionnant des génératrices de tramway, par exemple, lesquelles seront munies d'une batterie-tampon), la disjonction se produira pour une raison ou pour l'autre, et il est difficile de dire laquelle agira d'abord. Cela n'a d'ailleurs pas d'importance.

Nous pouvons considérer le cas, qui peut toujours se produire, d'une surcharge relativement modérée, 60 % par exemple, affectant un ou plusieurs groupes générateurs ; leurs disjoncteurs sont, par principe, à action très retardée, et avant qu'ils n'ouvrent le circuit, la vitesse aura le temps de baisser notablement, et, par suite, la fréquence. Dans ce cas, l'action des relais sera modifiée, plus ou moins, selon le système, mais d'une façon très sensible, qui tendra à retarder encore le déclanchement, peut-être l'empêcher si le couple moteur n'a pas augmenté pour ramener la vitesse normale.

En effet, l'action des électros des relais sur leurs disques ou équipages mobiles est fonction de la fréquence et diminue avec elle.

Le tableau et les courbes ci-contre donnent, comme exemple, des

Fréquences	42 ∿	37 ∿	33 ∿	28 ∿	21 ∿
Intensité de déclanchement pour réglage au point 75	75	80	90	95	>115
— — — — 80	80	85	95	100	
— — — — 85	85	90	100	105	
— — — — 90	90	95	105	110	
— — — — 95	95	100	110	115	
— — — — 100	100	110			

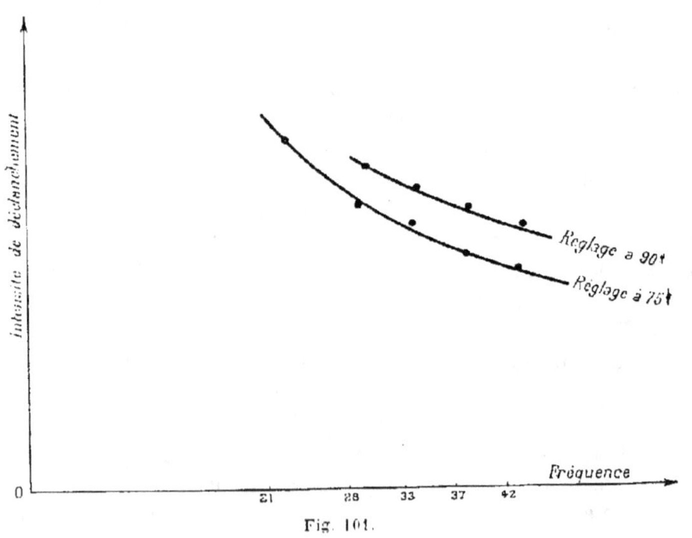

Fig. 101.

relevés faits sur un système de relais en service sur un alternateur débitant une intensité de 70 ampères à pleine charge à la fréquence normale de 42 périodes par seconde.

Nous voyons par là que si la vitesse baisse de 20 %, par exemple, en 5 secondes, que le relais soit réglé à 90, au bout de 5 secondes, le relais n'agira plus que pour une intensité de 105, soit à 50 % de surcharge de l'alternateur.

Ceci peut tout au moins prolonger sérieusement le temps prévu pour le déclanchement. Ceci peut ne pas avoir d'importance, mais il est bon de le savoir.

Pour terminer ce chapitre, nous signalerons un dispositif intéressant dû à Creighton, désigné sous le nom de *suppresseur d'arc*, et que l'on peut comprendre parmi les appareils d'interruption.

Dans un réseau triphasé à haute tension, il arrive qu'une des phases se met à la terre, soit par un arc jaillissant du fil à la ferrure d'un isolateur en le contournant, soit par un arc jaillissant du fil à la ferrure d'un isolateur percé à la gorge, soit par un contact plus ou moins franc entre un fil et la terre (rupture d'un fil, contact avec un fil de terre, des branches d'arbres, etc.).

Dans le premier cas, l'arc extérieur peut se maintenir quelque temps sous l'action des vapeurs métalliques chaudes, et arriver à endommager l'isolateur.

Dans le deuxième cas, l'arc est très souvent assez puissant pour échauffer le fil de ligne sur la gorge, le ramollir et amener la rupture.

Dans tous les cas, en dehors de ces inconvénients, il se produit que la tension entre les deux autres phases et la terre, qui normalement était égale à la tension simple $\dfrac{E}{\sqrt{3}}$ devient égale à E, soit $\sqrt{3}$ fois plus forte, ce qui peut amener des perturbations ou même faire céder des isolants sur certains points ou dans certains appareils de réseau. En outre, les lignes téléphoniques parallèles deviennent le siège d'une telle induction que les communications sont souvent impossibles.

Il y a donc intérêt à mettre la phase considérée franchement à la terre, ce qui, dans le premier cas, supprimera l'arc extérieur ; ensuite, en supprimant la mise à la terre, la perturbation aura cessé et l'arc ne se rallumera probablement pas ; dans le deuxième cas, on évitera ainsi la rupture du fil ; dans le troisième cas, on préviendra ainsi quelquefois des accidents de personne ou d'incendie qui pourraient se produire avant que l'arrêt de courant nécessaire du réseau n'ait été fait.

Dans le premier cas, on évite ainsi l'arrêt du courant nécessaire, et il n'y a aucune interruption de service.

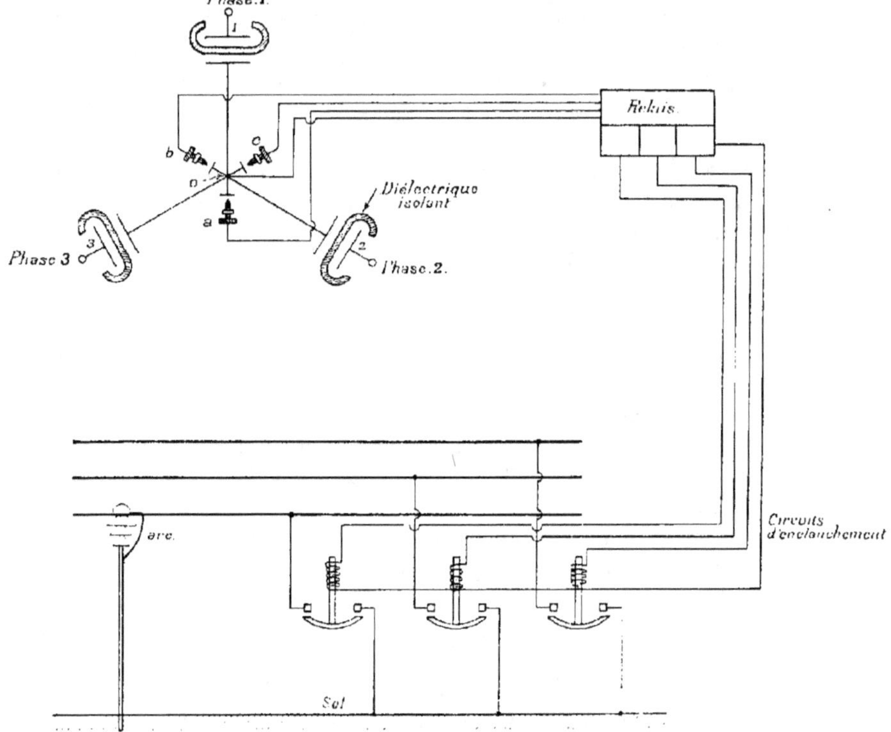

Fig. 102. — Schéma du dispositif Creighton. — Suppresseur d'arc à relais sélectif électrostatique.

Cette bonne intervention en cas semblable est réalisée automatiquement par l'appareil dont le principe est le suivant : trois plaques 1, 2, 3, isolées du sol, fixes, font vis-à-vis, avec interposition d'un isolant diélectrique, à trois plaques d'aluminium faisant partie d'un équipage mobile suspendu en O' par un fil perpendiculairement au plan de la figure (fig. 102).

Ce pendule peut osciller dans tous les sens. Normalement, le potentiel efficace a la même valeur pour les trois plaques 1, 2 et 3, et le pendule est en équilibre au centre. Si une phase, la n° 3, par exemple, vient à être mise à la terre par un arc contournant un isolateur (ce genre d'accident ne se produit guère que sur les réseaux à très haute tension, 30.000 volts et au-dessus), l'action attractive de la plaque 3 diminuera ou deviendra nulle, et l'équipage mobile s'approchera de 1 et 2, fermant ainsi le contact C qui, par l'intermédiaire d'un relai, fermera l'interrupteur unipolaire de mise à la terre de la phase 3 ; l'arc ainsi court-circuité s'éteindra de suite ; l'interrupteur, par un dispositif automatique, s'ouvrira au bout de quelques secondes, et le réseau reprendra son état normal, car l'arc, qui s'était amorcé par une surtension accidentelle, ne se réamorcera généralement pas.

Si, au contraire, il se rallume, ou bien qu'il s'agisse d'un isolateur percé, ou d'une mise à la terre permanente, l'appareil recommencera à agir et fermera de nouveau l'interrupteur de mise à la terre de la phase 3.

Par une certaine disposition, il restera cette fois enclanché et la mise à la terre de la phase défectueuse se signalera vite d'elle-même ; on réparera la partie avariée et après avoir ouvert de nouveau le ou les appareils là où ils sont placés, c'est-à-dire en des points favorables, à la station, par exemple, où on les aura sous la main, la marche normale pourra être reprise.

L'appareil est disposé de telle sorte que deux des interrupteurs unipolaires de mise à la terre ne puissent se fermer simultanément, ce qui déterminerait un court-circuit franc.

Ce dispositif, dit « relai sélectif électrostatique », peut s'appliquer ainsi directement sur un réseau à haute tension.

Sur un réseau à tension moyenne ou basse, des transformateurs élévateurs pourront être adjoints pour que l'attraction électrostatique soit suffisante.

Enfin, la disposition électrostatique elle-même peut être remplacée par une disposition électromagnétique facile à concevoir. L'appareil fonctionnera toujours sur le même principe, c'est-à-dire que lors d'une mise à la terre d'une des trois phases, les tensions entre les trois phases et la terre ne seront plus égales.

Ce système, toutefois, ne doit pas être trop sensible ; il arrive en effet, sur un réseau, que l'isolement d'une phase par rapport à la terre soit plus faible que celui des deux autres, sans être mauvais pour cela ; les tensions entre fils et terre peuvent être alors très différentes. Le système ne devra donc fonctionner que pour une mise à la terre franche, comme le sont les terres accidentelles.

On a aussi proposé le dispositif suivant, moins compliqué et plus radical que le précédent (fig. 103) :

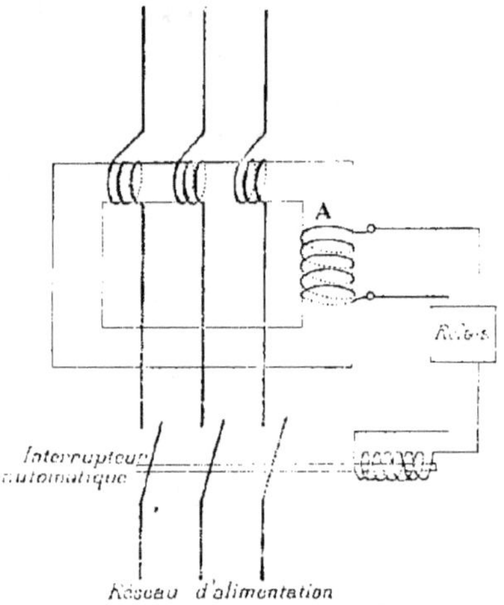

Fig. 103. — Relais sélectif électromagnétique.

Le courant des trois phases du réseau ou d'une partie du réseau considérée passe respectivement dans trois enroulements série placés sur un même noyau magnétique et disposés de telle sorte que, lorsque les trois courants sont égaux (marche normale), la somme algébrique de leurs forces magnétomotrices est nulle (courants triphasés).

Si un déséquilibrage survient, provenant d'une mise à la terre d'une des phases, les trois courants, n'étant plus égaux, donneront un flux résultant non nul qui induira une force électromotrice dans la bobine A placée sur le même noyau, laquelle, par l'intermédiaire d'un relai, fera déclancher l'interrupteur automatique qui commande la section avariée, et la mettra hors circuit. Il est évident que ce dispositif ne peut s'appliquer que dans les installations où les trois phases ont des intensités égales ou très peu différentes.

On voit qu'ici ce dispositif, au lieu de chercher à parer aux inconvénients d'une mise à la terre sans interrompre le courant, met simplement hors circuit la section où s'est déclaré le défaut d'isolement à la terre.

CHAPITRE VII

Interrupteurs à huile pour très hautes tensions et grosses puissances.

Nous avons parlé, au début, de l'accroissement continuel des puissances transportées, des distances de transmission et des tensions employées pour cela.

L'utilisation rationnelle des grandes richesses hydrauliques s'effectue d'une façon de plus en plus complète depuis cinq ou six ans.

Auparavant, en effet, les chutes d'eau de grande puissance se trouvant rarement à proximité de lieux offrant des débouchés faciles pour l'énergie, et, d'autre part, les tensions que l'on osait employer (30.000, 40.000, 60.000 volts) n'étant pas suffisantes pour transporter économiquement l'énergie aux centres de consommation possibles, éloignés de plusieurs centaines de kilomètres, et la répartir sur de vastes territoires, les premières installations de grande puissance ont été des usines électrochimiques, thermiques ou métallurgiques qui se sont établies au pied des chutes.

Au cours des années 1907, 1908, 1909, les Américains, toujours audacieux, ont expérimenté l'emploi de tensions plus élevées, dépassant 100.000 volts, et beaucoup de difficultés, que l'on croyait presque insurmontables avec ces très hautes tensions, ont été si bien surmontées que les premières tentatives ont donné les meilleurs résultats ; l'expérience de ces trois ou quatre dernières années n'a pas démenti les espérances du début, de sorte qu'aujourd'hui l'emploi des tensions de 100.000 à 150.000 volts s'est généralisé en Amérique et s'est implanté depuis peu en Europe.

Ce nouveau pas de l'industrie électrique a permis l'utilisation rationnelle des grandes puissances hydrauliques, et les usines génératrices de puissances formidables se sont multipliées.

Ainsi, d'après des statistiques récentes, la puissance totale installée ou en achèvement en Amérique, employant des tensions supérieures à 100.000 volts, est actuellement de 600.000 kilowatts, répartie en quinze usines.

On peut citer des installations gigantesques, telles que celles de la
Kéokuk and Hamilton Water Power Cᵒ qui, par un barrage sur le
Mississipi, au pied du rapide des Moines, a installé pour commencer
trente groupes de 3.000 kilowatts, et compte porter ce nombre à
cinquante, soit au total 150.000 kilowatts ;

La Société Ontario Power Cᵒ, sur les chutes du Niagara ;

La Société des Grands Rapides Muskegon ;

La Hydro-Électric Power Commission ;

La Commonwealth Edison Cᵒ de Chicago, dont la puissance totale
des usines génératrices est de 250.000 kilowatts ;

La Southend Power Cᵒ, disposant de 120.000 kilowatts ;

La Pacific Light and Power Cᵒ, disposant de 120.000 kilowatts,
etc., etc.

En Europe vient de se monter une installation à 110.000 volts à
Lauchhammer (Allemagne).

Ces grosses usines génératrices comprennent des groupes dont la
puissance unitaire atteint jusqu'à 12.000 kilowatts. Les alternateurs
sont, naturellement, à tension moyenne (5.000 à 10.000 volts) et nécessitent, par conséquent, l'emploi d'interrupteurs de très fortes intensités
sous cette tension, avant les transformateurs élévateurs et sur les
réseaux de distribution (300, 500, 800, 1.000 ampères et plus).

Les grosses puissances de 50.000 et 100.000 kilowatts, une fois
amenées à la tension de transport de 100.000 volts, correspondent
encore à une intensité totale de 500 à 600 ampères, réparties le plus
souvent, il est vrai. en plusieurs lignes.

Ces nouvelles conditions d'exploitation ont nécessité la construction
d'interrupteurs appropriés. de grande puissance, que nous pouvons
diviser en deux classes :

1° Les interrupteurs pour intensités moyennes et très hautes tensions;

2° Les interrupteurs pour grandes intensités sous tensions moyennes.

Ces interrupteurs géants sont toujours construits sur les mêmes
principes que ceux que nous avons précédemment étudiés, mais certaines particularités et certaines conditions de leur emploi sont à
signaler spécialement.

Interrupteurs pour très hautes tensions. — Moyennant l'adoption
de grandes distances de rupture, sous de fortes épaisseurs d'huile, et

par conséquent de grandes quantités d'huile, on a construit facilement des interrupteurs d'un fonctionnement entièrement satisfaisant.

Les dispositions généralement adoptées comportent un bac pour chaque phase, avec coupure double ou quadruple ; les distances maxima entre contacts atteignent 1 mètre à 1^m30, cet intervalle étant disposé au-dessous du milieu de la cuve. Les quantités d'huile nécessaires atteignent jusqu'à 4.500 litres par interrupteur. La pesanteur aide généralement à la rupture.

Les trois bacs ont leurs mécanismes réunis mécaniquement, et la commande se fait soit à la main, par leviers, volants, tringles, soit par électros ou moteurs, pour l'enclanchement, qui est, naturellement, assez dur.

Le déclanchement automatique de ces interrupteurs est quelquefois réalisé, même à cette tension, par un solénoïde en série sur chaque phase, commandant à distance le circuit de relais, directement.

Lorsqu'on emploie des transformateurs d'intensité pour le déclanchement, on conçoit que le prix de ces appareils accessoires doit être assez élevé, en raison de l'isolation à réaliser entre primaire et secondaire.

On trouve actuellement chez les constructeurs des interrupteurs pour 110.000 volts pour intensités jusqu'à 400 ampères, dont l'expérience est déjà faite, donnant de bons résultats sans entretien spécial.

Chez certains constructeurs, la rupture se fait horizontalement pour faciliter l'extinction de l'arc.

L'encombrement de ces interrupteurs, déjà assez grand par suite du volume des cuves, est encore augmenté de beaucoup par la longueur des bornes isolantes nécessaires pour la pénétration du courant dans la cuve. Ces bornes atteignent quelquefois de 1 mètre à 2 mètres de longueur, et la hauteur totale de l'interrupteur atteint jusqu'à 4^m50 ou 5 mètres.

On a réussi à réduire leurs dimensions, tout en augmentant la sécurité, par l'emploi de bornes spéciales du type à condensateur (principe Nagel). Ce principe consiste à répartir la tension dans l'isolant diélectrique d'une façon rationnelle, du centre où passe le conducteur, à la périphérie, qui touche la masse.

Ce résultat, qui n'est pas obtenu si l'on emploie un diélectrique d'un seul bloc dans lequel la tension se divisera inégalement, pouvant faire céder certains points faibles et amener ensuite la destruction de l'isolation totale, est réalisé en imposant à la tension une répartition régulière dans l'épaisseur du diélectrique. A cet effet on emploie des couches diélectriques distinctes, séparées par des couches conductrices minces, et constituant ainsi un ensemble de condensateurs en série entre lesquels la tension se répartit, suivant les lois bien connues, d'après les capacités relatives des condensateurs successifs.

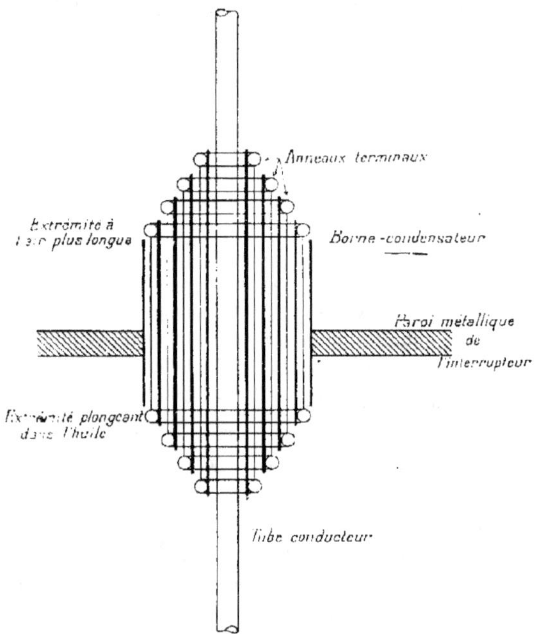

Fig. 104. — Borne-condensateur pour entrée de cuve.

Une telle borne comprendra donc un tube intérieur conducteur mince (de manière que la courbure de sa surface soit aussi réduite que possible) entouré alternativement de couches isolantes et conductrices. Afin de répartir uniformément l'effort de la tension, il faut que les condensateurs aient la même capacité (fig. 104).

Or, celle-ci ayant pour formule $C = \dfrac{Kl}{2 \log \dfrac{r_2}{r_1}}$, dans laquelle K est

le coefficient diélectrique, l la longueur du cylindre, r_2 et r_1 les

Fig. 105. — Bornes pour très hautes tensions (parafoudre Thomson-Houston
pour 140.000 volts).

rayons extérieur et intérieur du cylindre diélectrique, la condition ci-dessus peut être obtenue :

En modifiant l'épaisseur du diélectrique ;

En employant des diélectriques différents ;

En modifiant la longueur des cylindres.

En pratique, on emploie concurremment le premier et le dernier moyens. Sur le tube conducteur central, on enroule des couches de papier ou de mica mince, et à intervalles déterminés des feuilles d'étain.

Les bords de ces dernières, à cause de leur forme aiguë, donneraient lieu à des décharges si on ne prenait la précaution de les terminer par des anneaux ayant un plus grand rayon de courbure superficielle.

Ce type d'isolateur a une réelle supériorité sur les isolateurs simples ; ainsi on cite que deux bornes ayant même longueur et même diamètre, dont l'une était homogène, et l'autre constituée sur ce principe, ont pu supporter, en régime, 105.000 volts pour la première et 225.000 volts pour l'autre.

Ce genre de bornes est employé depuis sept ou huit ans, et s'applique aussi bien pour les transformateurs que pour les interrupteurs.

Par exemple, pour un interrupteur à 100.000 volts, on emploie de telles bornes, éprouvées sous 200.000 volts, et qui ont seulement vingt centimètres de diamètre et un mètre de longueur totale, y compris la partie plongeant dans l'huile.

Interrupteurs pour grandes intensités. — Les mêmes raisons qui, pour les interrupteurs de moyenne puissance, font préférer le type à huile au type à air, s'appliquent encore plus impérieusement aux interrupteurs de grande puissance à fortes intensités, au point de vue encombrement, danger, perturbations, etc. On s'en rendra aisément compte lorsqu'on saura que la rupture d'un courant de 1.000 ampères sous 15.000 volts peut donner un arc de plus de 5 mètres de longueur et presque autant de hauteur, alors que dans les mêmes conditions, la rupture dans l'huile ne donnera qu'un arc de 25 centimètres, d'une durée beaucoup moindre, sans répercussion sur le réseau ou les alternateurs, tandis que l'inverse se produit souvent avec les interrupteurs à air.

La puissance de rupture des gros interrupteurs à huile est fonction :

1° De la rapidité de la rupture ;

2° De sa direction ;

3º De sa longueur ;

4º Du nombre de points de rupture ;

5º De la disposition des contacts et pare-arcs ;

6º De la qualité de l'huile ;

7º Des caractéristiques électriques du circuit sur lequel se trouve l'interrupteur ;

8º De la pression de l'huile.

La rapidité de la rupture peut toujours être obtenue facilement, en ajoutant, s'il le faut, à l'action de la pesanteur des pièces mobiles, l'action des ressorts ; dans ce cas, l'enclanchement est plus dur, et devient impossible à la main ; un moteur ou un électro devient indispensable pour les manœuvres de fermeture, surtout lorsque celles-ci doivent s'effectuer en une seconde, pour le couplage d'un alternateur sur les barres omnibus de la station.

La rupture étant rapide, il importe que l'huile s'interpose immédiatement entre les pièces de contact ; on a imaginé dans ce but des dispositifs injectant de l'huile sous pression entre les pièces de contact, lors des ruptures.

La disposition horizontale de la rupture est évidemment plus favorable à l'extinction de l'arc, les vapeurs conductrices de celui-ci tendant, avec encore plus de force que dans l'air, à monter dans l'huile. Si la majorité des constructeurs ont néanmoins adopté la rupture verticale, c'est que la réalisation de l'appareil au point de vue mécanique offre moins de difficultés dans ce dernier cas.

La longueur de la rupture est un facteur que l'on peut toujours augmenter proportionnellement à la puissance de rupture demandée, mais l'encombrement, la quantité d'huile nécessaire s'accroissent rapidement avec lui.

Il en est de même du nombre de points de rupture, dont l'augmentation est une complication, à laquelle cependant on se trouve obligé de recourir pour ces très gros interrupteurs.

La projection d'huile et les dégagements gazeux résultant de sa décomposition ne sont pas empêchés par l'augmentation du nombre de points de rupture, qui n'intervient que pour faciliter l'extinction, et qui équivaut à une augmentation de la rapidité de rupture.

La disposition des pièces mobiles de rupture doit être très solide, à cause des réactions électromagnétiques qui s'exercent avec les intensités considérables.

La qualité de l'huile, son état, doivent être surveillés avec soin ; c'est surtout dans ce cas de grandes usines comportant de nombreux et puissants interrupteurs que le traitement des huiles usagées pour leur régénération devient intéressant, et qu'on doit, ainsi que nous l'avons précédemment signalé, organiser de petites installations spéciales dans ce but.

Une installation rationnelle, qui a été réalisée dans certaines de ces grandes centrales, permet de pomper l'huile des interrupteurs et transformateurs dans un grand réservoir au-dessous duquel un filtre approprié nettoie, sous pression, l'huile que l'on soutire.

Les caractéristiques électriques des circuits dans lesquels se trouvent les interrupteurs ont aussi leur importance ; nous avons vu que la rupture des courants alternatifs dans les circuits inductifs n'offre pas les mêmes dangers que dans le cas du courant continu, puisque cette rupture se produit toujours lorsque l'intensité et par suite le flux passent par zéro.

Mais les interrupteurs automatiques étant appelés à couper les courants de courts-circuits, l'énergie dégagée dans leur fonctionnement dépendra de la valeur maximum que peut atteindre instantanément l'intensité du court-circuit, et cette intensité est elle-même fonction des caractéristiques du plus court-circuit que peut trouver le courant, c'est-à-dire celles des alternateurs générateurs et de leurs liaisons.

Les intensités de court-circuit sur les grosses unités peuvent atteindre des valeurs formidables, et les réactions mécaniques dans les générateurs eux-mêmes, proportionnelles au carré de ces intensités, atteindront à des valeurs fantastiques, de même que les interrupteurs eux-mêmes qui sont appelés à rompre de tels courants auront à en souffrir.

Alors que l'on s'efforçait, dans les alternateurs de petites et moyennes puissances, de réduire au minimum leurs chutes de tension internes, de les compounder, pour obtenir une constance de la tension plus grande, on a été amené, d'abord dans les alternateurs pour fours électrochimiques et électrométallurgiques, puis dans ces alternateurs de grande puissance, à admettre, pour la sécurité contre les courts-circuits, des chutes de tension normales plus grandes, et pour ces derniers même, d'introduire, en série avec eux des bobines de self destinées à amortir les à-coups accidentels.

C'est évidemment au détriment de la régulation du voltage, mais cela a été reconnu nécessaire dans ces grandes centrales, et l'expérience en a confirmé l'utilité.

Considérons un gros transformateur, dont la chute de tension à pleine charge atteint 2,5 % ; s'il est mis en court-circuit à ses bornes, et que la tension primaire se maintienne, le courant de court-circuit sera 40 fois le courant de pleine charge, et les efforts mécaniques 1.600 fois les effets normaux entre bobines ; si la chute de tension est 5 %. le courant de court-circuit sera 20 fois seulement le courant de pleine charge, et les réactions mécaniques seront seulement 400 fois les réactions normales.

Dans un alternateur, la chute de tension intérieure à excitation constante, entre la marche à vide et la marche à pleine charge, est beaucoup plus grande, à cause de l'entrefer, la réaction d'induit, etc.

On appelle réactance synchrone l'ensemble de toutes les résistances ohmiques ou magnétiques intérieures, et on admet qu'elle donne lieu à une chute de tension de 20 à 25 % ; par conséquent, le courant de court-circuit sera seulement 4 fois le courant de pleine charge.

Ceci est vrai en régime, mais au début du court-circuit, avant que les réactions internes aient pu agir, l'intensité est bien plus considérable.

Le danger qui se présente ainsi pour le gros alternateur et son interrupteur est encore plus grand pour l'interrupteur automatique d'un départ branché sur des barres omnibus alimentées par plusieurs gros alternateurs.

Par exemple, soit une centrale comprenant cinq alternateurs de 10.000 kilowatts à la tension de 6.000 volts pouvant débiter 4.800 ampères à pleine charge, soit une ligne de départ pour 100 ampères branchée sur les barres omnibus, munie d'un automatique pour 300 ampères maximum sous ces 6.000 volts, et imaginons qu'un court-circuit franc se produise brusquement de suite après cet interrupteur.

Pendant le temps très court qui va précéder l'ouverture de cet automatique (qui se fera avant celle des alternateurs), l'ensemble des alternateurs débitera, au minimum, 4 fois le courant total de pleine charge, soit près de 20.000 ampères, ou 67 fois la puissance pour laquelle l'interrupteur a été construit.

Quels arcs doivent alors se produire dans l'huile de cet automatique?

On conçoit alors que cette installation offre peu de sécurité, puisqu'il y a beaucoup de chances pour que l'interrupteur du feeder soit détruit, d'où mises à la terre, etc., et en tous cas arrêt du service.

On se trouve alors obligé, dans le cas de ces grosses installations génératrices, d'éviter une telle concentration de puissance, ou de pallier les inconvénients de ce genre en intercalant des réactances A et B :

1º Entre chaque générateur et les barres omnibus ;

2º Sur les barres omnibus elles-mêmes, après avoir réparti les alternateurs en plusieurs groupes séparés par ces réactances (voir schéma ci-contre, fig. 106).

Les réactances A, suivant les cas, absorberont à pleine charge 6 à 8 % de la tension totale. Les réactances B, parcourues par peu de courant, normalement, pourront être assez fortes.

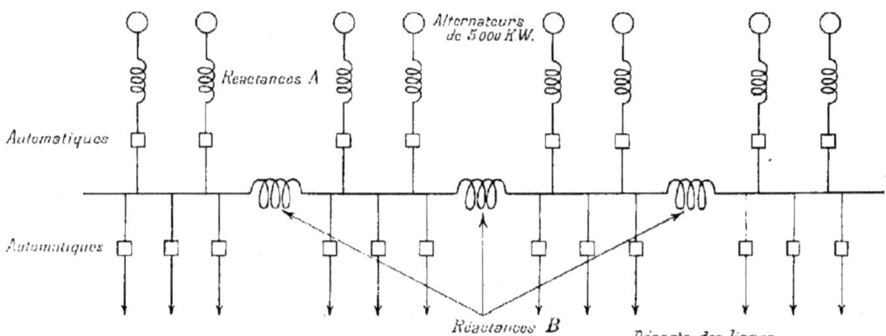

Fig. 106. — Usine génératrice de 40.000 kilowatts alimentant un réseau de distribution à 10.000 volts. Réactances de protection contre les courts-circuits.

L'efficacité de cette disposition est réelle, et, pour citer un cas, la Commonwealth Edison Cº de Chicago, qui a été amenée à l'employer à la suite d'accidents répétés et ruineux, a beaucoup amélioré ainsi la marche de son exploitation.

On pourrait, il est vrai, construire les alternateurs de telle sorte qu'ils aient eux-mêmes une chute de tension interne plus grande, mais il doit être plus économique de disposer les réactances extérieurement aux générateurs. La réalisation de ces grosses bobines de self a été assez difficile, en raison des efforts considérables qui s'y développent lors des à-coups, de l'isolement exigé en prévision des surtensions dont elles sont accidentellement le siège, des fortes intensités qu'elles doivent supporter. On a été amené à renoncer aux noyaux de fer, et on en a établi de solides, constitués par du câble enroulé, avec isolation, sur un noyau de béton.

Ce qui précède fait bien comprendre pourquoi on a eu plus d'ennuis avec les interrupteurs pour grandes intensités qu'avec ceux à très hautes tensions.

On arrive néanmoins, en y mettant le prix (ce qui d'ailleurs n'est rien relativement à l'importance des installations dont il s'agit), à obtenir un fonctionnement satisfaisant de ces puissants interrupteurs.

Nous avons indiqué aussi que la puissance d'interruption était fonction de la pression de l'huile. A cet égard, il convient de rappeler qu'au début certains constructeurs préconisaient un soufflage des arcs par une injection d'huile sous pression entre contacts au moment de l'ouverture. Puis, d'autres, qui se rapprochaient davantage de la vérité, indiquaient que les ruptures devaient se faire sous une couche d'huile aussi épaisse que possible.

Fig. 107 — Interrupteur à huile sous pression. —
Vedovelli et Priestley 10.000 kilowatts à 10.000 volts.

Enfin, en dernier lieu, les constructeurs Vedovelli-Priestley et Cie, de Paris, ont trouvé la véritable influence de la pression de l'huile, et l'ont mise en pratique d'assez heureuse façon.

Leurs essais leur ont montré qu'on pouvait décupler la puissance
d'interruption d'un interrupteur donné, en augmentant simplement
de 1 ou 2 kilogrammes par centimètre carré la pression de l'huile
dans l'interrupteur.

La figure 107 ci-contre représente un interrupteur à huile qui, dans
les conditions ordinaires, ne pourrait couper que 1.000 à 1.500 kilowatts, et qui, par une simple augmentation de 1 atmosphère de la
pression de l'huile, permet de couper au-delà de 10.000 kilowatts,
sous 10.000 volts.

La figure 108 représente deux autres interrupteurs unipolaires dans
l'huile, basés sur ce principe, tous deux fonctionnant à très haute
tension : 110.000 volts (Exposition de Turin 1912).

Le plus petit a une puissance d'interruption de 25.000 kilowatts. Le
plus grand (derrière) a une puissance d'interruption de 35.000 kilowatts.

Ces interrupteurs ne nécessitent que de petites quantités d'huile.
Si l'on se rappelle quelles énormes quantités d'huile étaient néces-
sitées par les interrupteurs pour ces très hautes tensions, avec les
dispositifs ordinaires, à cause d'une forte épaisseur d'huile entre
pôles, et entre pôles et masse, on se rend compte du grand intérêt de
ce perfectionnement.

Il n'est d'ailleurs pas très compliqué d'obtenir la pression nécessaire : un simple tube de quelques mètres de longueur, surmontant
verticalement l'interrupteur rendu étanche, et rempli d'huile suffit.
Ce tube doit être terminé en haut par un petit réservoir d'huile, pour
compenser les pertes de liquide.

Quel est le mode d'action de la pression, dans ce dispositif ? On
conçoit facilement qu'elle ait pour effet d'empêcher ou de limiter plus
étroitement l'expansion des poches gazeuses qui se forment autour
des arcs de rupture, et qui sans cela mettent plus facilement en communication les pôles entre eux ou à la masse, par les vapeurs conductrices.

A côté de ce fait, la rigidité électrostatique de l'huile augmente
aussi avec la pression, tout comme celle de l'air, par exemple, et cela
suffit pour augmenter dans de grandes proportions la puissance d'interruption de ces appareils.

Ainsi que nous le disions au début de cette étude, nous avons donc
là le moyen assuré d'avoir des appareils aussi puissants que le néces-
siteront les développements futurs de l'industrie électrique.

Fig. 108. — Interrupteur à huile sous pression. — Vedovelli et Priestley 25.000 kilowatts sous 110.000 volts.

CHAPITRE VIII

Interrupteurs spéciaux pour hautes tensions

Nous terminerons cette étude en signalant brièvement l'existence de certains interrupteurs et dispositifs spéciaux.

Interrupteurs pour courant continu. — Les installations à courant continu haute tension *à potentiel constant* n'existent pas ; ce mode de transport de l'énergie électrique existe seulement, mais à moyenne tension, pour les lignes de traction électrique, chemins de fer et tramways, où la tension employée ne dépasse généralement pas 1.200 à 1.500 volts (système à deux ponts : 2×600 volts, 2×750 volts). Cependant, pour des lignes de traction importantes, on a construit avec succès des génératrices à 3.000 volts. On est limité, pour le voltage, surtout par les difficultés de bon isolement et de construction des moteurs, surtout lorsque ceux-ci sont de faible puissance.

Les interrupteurs pour courants continus à potentiel constant que l'on emploie ne sont donc que pour tensions ne dépassant pas 6.000 volts (2×3.000 volts).

Ces installations génératrices pour lignes de traction ont besoin, comme celles de transport et de distribution, d'appareils d'interruption, automatiques ou non. Les interrupteurs à huile employés pour les courants alternatifs peuvent également servir pour les courants continus, mais ils ne sont pas vraiment recommandables dans ce cas ; on a constaté en effet que la rupture sous l'huile de forts courants continus à haute tension produit une sorte d'explosion, due à un plus grand dégagement de gaz de décomposition qu'avec les courants alternatifs. Le processus de la rupture n'est pas le même que pour les courants alternatifs. En effet, ici les appareils récepteurs de ce genre de courant (moteur) possèdent tous une grande self-induction (à laquelle s'ajoute celle des génératrices elles-mêmes). On a toujours $E = N n \, \Phi$, formule connue, dans laquelle la vitesse de rotation N ne peut dépasser une certaine valeur pratique, de sorte que le produit $n\Phi$, auquel est proportionnelle la self-induction L, est assez élevé, surtout si E est grand, self à laquelle s'ajoute celle des lignes.

Dans ces conditions, supposons une usine génératrice alimentant, sous 1.500 volts, par exemple, un réseau de traction absorbant I = 2.000 ampères au total ; survienne une surcharge qui provoquera un déclanchement, la quantité d'énergie $\frac{1}{2}$ LI² emmagasinée dans les circuits magnétiques sera considérable et ne pourra disparaître en un instant dans les arcs de rupture de l'interrupteur ; si celui-ci est à huile, cette quantité d'énergie se frayera un passage et se dégagera en chaleur dans cette huile ; il sera d'ailleurs très heureux que ce phénomène se localise uniquement dans l'interrupteur, sinon il se produirait inévitablement ailleurs, par exemple en crevant les isolants des enroulements situés de part et d'autre de l'interrupteur.

Ce dégagement d'énergie au sein de l'huile est alors accompagné d'une grande décomposition de celle-ci, qui produit les explosions constatées ; peut-être y a-t-il aussi électrolyse de l'huile.

Pour cette raison, on préfère ne pas employer dans ce cas les interrupteurs à huile, et s'en tenir aux interrupteurs à air avec soufflage magnétique, pas trop énergique pourtant. La rupture est alors moins brusque, et par conséquent la surtension plus faible.

Ces interrupteurs à air sont alors constitués de même façon que ceux pour courant alternatif, avec des pare-étincelles judicieusement disposés.

A côté de ces installations à potentiel constant, il existe encore les installations à courant continu d'intensité constante (système Thury) dont le principe s'applique surtout pour les transports de force et l'utilisation en un seul ou un petit nombre de points.

Dans ce système, le circuit n'est jamais ouvert ; les machines génératrices et réceptrices sont toutes disposées en série et celles que l'on arrête sont court-circuitées.

La tension au départ de la ligne, à l'usine génératrice, varie proportionnellement à la puissance demandée par les récepteurs en série, et elle peut ainsi varier de 0 à une limite supérieure correspondant à la puissance de l'usine génératrice.

Cette tension atteint et dépasse même 100.000 volts dans le cas de transports de grosses puissances à une grande distance.

Une classe spéciale d'appareils accessoires correspond à ce genre d'installation, parmi lesquels les commutateurs à haute tension pour système Thury.

Ces commutateurs, dont la figure 109 fait comprendre le fonctionnement, font passer le courant de ligne dans l'appareil récepteur

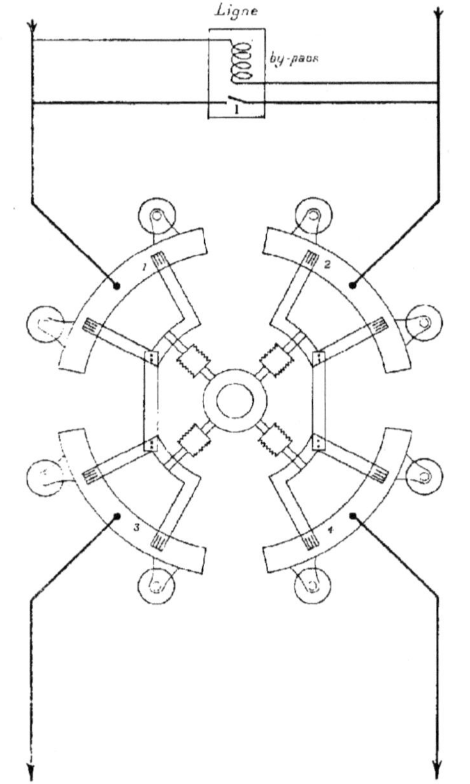

Fig. 109 — Commutateur spécial pour distributions au continu. — Série à courant constant système Thury.

lorsqu'il marche, ou bien hors de l'appareil récepteur tout en court-circuitant ce dernier, lorsqu'il est arrêté. Comme on le voit, à aucun moment la ligne n'est interrompue. Si le circuit l'était accidentellement, dans un appareil récepteur, par exemple, il s'ensuivrait une élévation de voltage aux bornes de la rupture ; alors, dans l'appareil dit « bypass », un électro agirait sur une armature pour court-circuiter, par l'interrupteur I, le circuit où s'est produite l'interruption, et assurer la continuité de la ligne.

Enfin, ce genre d'installation comporte encore les déclancheurs de vitesse et les déclancheurs par inversion, dispositifs mettant automatiquement en court-circuit les génératrices lorsqu'elles auraient tendance à fonctionner en réceptrices, ou bien encore, pour les premiers, court-circuitant les moteurs-série dont la charge aurait été supprimée et qui, parcourus néanmoins par un courant constant, commenceraient à s'emballer, si l'on avait omis de modifier leur excitation.

Interrupteurs progressifs pour batteries de condensateurs. — Nous avons vu, dans un chapitre précédent, que la mise sous tension brusque d'un transformateur peut donner lieu, suivant l'instant auquel l'enclanchement a été fait, à de grosses surintensités, correspondant à un choc dans le transformateur. On y pare au moyen des résistances de choc.

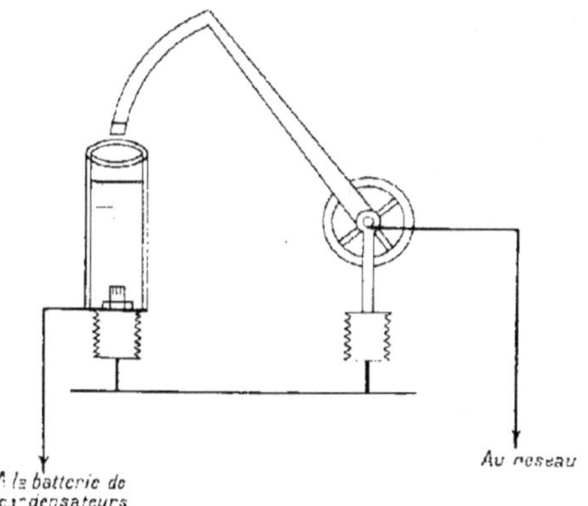

Fig. 112. — Interrupteur progressif pour batterie de condensateurs.

De même, la mise sous tension brusque d'une batterie de condensateurs à haute tension (qu'on emploie quelquefois pour la protection des réseaux) peut avoir des inconvénients analogues (surtensions) pour la batterie, et il est recommandable d'employer dans ce cas un interrupteur progressif, qui, comme son nom l'indique, permet de mettre progressivement sous tension ou hors tension la batterie qu'il commande.

A cet effet, une résistance est intercalée peu à peu ou supprimée de même, lors de l'ouverture ou de la fermeture.

Ce principe a été réalisé fort simplement par la maison Sprecher et Schuh (voir la fig. 110).

Le contact fixe de l'interrupteur unipolaire est disposé au fond d'un tube, rempli d'un liquide plus ou moins conducteur, et c'est ce liquide qui constitue la résistance qui s'interpose à l'ouverture et à la fermeture.

CHAPITRE IX

———

Considérations sur la puissance en jeu
dans les arcs de rupture.

Nous avons vu que, dans les différentes grandeurs d'appareils, chaque type est calculé, non seulement en vue de l'intensité qu'il aura à interrompre, mais aussi de la tension normale entre conducteurs, et cela indépendamment de la question d'isolation des pièces conductrices par rapport à la masse. En d'autres termes, chaque interrupteur est prévu pour une certaine puissance d'interruption, liée, naturellement, aux facteurs *intensité, voltage*.

C'est qu'en effet la puissance, ou plus exactement la *quantité d'énergie* mise en jeu dans les arcs de rupture, et dont dépendent les effets destructifs, les dangers de projection d'huile et de courts-circuits dans l'interrupteur, est fonction de cette puissance d'interruption. C'est un fait bien reconnu — expérimentalement — et qui sert de base au choix des interrupteurs.

Nous pouvons appliquer l'analyse à l'étude de ce qui se passe dans l'interrupteur au moment d'une interruption, pour nous rendre compte, sinon en toute rigueur, du moins d'une façon très approchée, de l'ordre de grandeur des phénomènes qui s'y manifestent.

Au moment d'une interruption, la résistance des contacts dans l'interrupteur, d'abord nulle, va croissant à mesure que l'interrupteur s'ouvre (le circuit étant toujours fermé par les arcs de rupture), pendant que l'intensité décroît à mesure pour s'annuler tout à fait lorsque les arcs sont éteints ; l'interruption est complète.

Au cours de l'accomplissement de cette interruption graduelle, une certaine puissance, variable; est en jeu dans les arcs de rupture. Comme l'interruption dure un temps appréciable, à cela correspond une *quantité totale d'énergie* développée dans ces arcs de rupture, laquelle se résout en chaleur et en décompositions ou compositions chimiques.

On sait, en effet, qu'en outre de la chaleur qui fond partiellement les pièces de rupture, celle-ci est accompagnée, dans les interrupteurs à huile, d'une décomposition de l'huile avec dégagement d'hydrogène, quelquefois d'oxyde de carbone, et dépôts charbonneux.

Dans les interrupteurs à air, on peut remarquer souvent, avec de violents arcs de rupture (par exemple, ouverture d'un circuit inductif en courant continu), une forte production d'ozone. Il y a donc non seulement décomposition, mais souvent aussi formation de composés, avec absorption d'énergie.

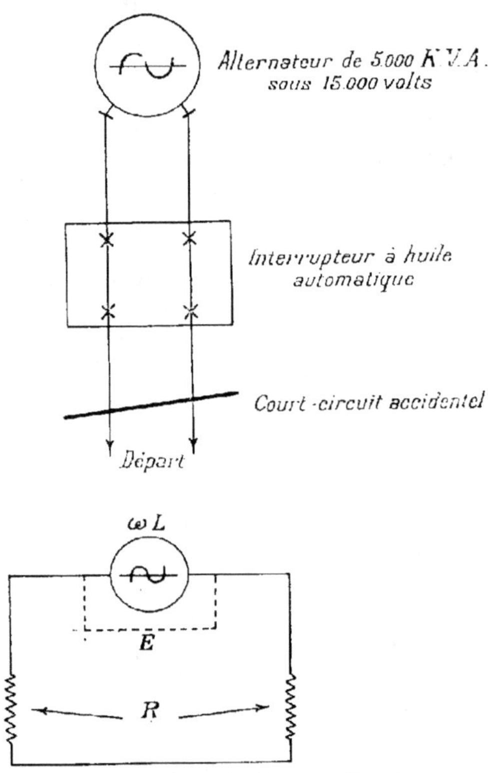

Fig. 111. — Court-circuit sur un alternateur.

Considérons le cas extrême d'un interrupteur à huile automatique bipolaire protégeant un alternateur monophasé de 5.000 kilowatts sous 15.000 volts, intensité de pleine charge 333 ampères, et supposons que se produise un court-circuit franc, après l'interrupteur (fig. 111).

Pendant que le relai et l'interrupteur fonctionnent, un courant de court-circuit s'établit, succédant à une haute surintensité instantanée ; on admet que ce courant de court-circuit est égal à 3 ou 4 fois l'intensité de pleine charge, c'est-à-dire, en d'autres termes, que l'alternateur possède une *réactance synchrone* telle qu'elle donne lieu à une chute de tension interne totale de 25 %, en passant de la marche à vide à la marche à pleine charge.

Cette réactance interne (qui englobe toutes les réactances et réactions complexes) serait donc numériquement de

$$\omega L = 0{,}25\,\frac{E}{I\,pl.\ ch.} = 0{,}25 \times \frac{15.000}{333} = \underline{11\ \text{ohms, 2,}}$$

résistance à peu près uniquement inductive.

La résistance des fils de connexion est négligeable. Soit $R = f(t)$ la résistance totale des arcs d'interruption dans l'interrupteur.

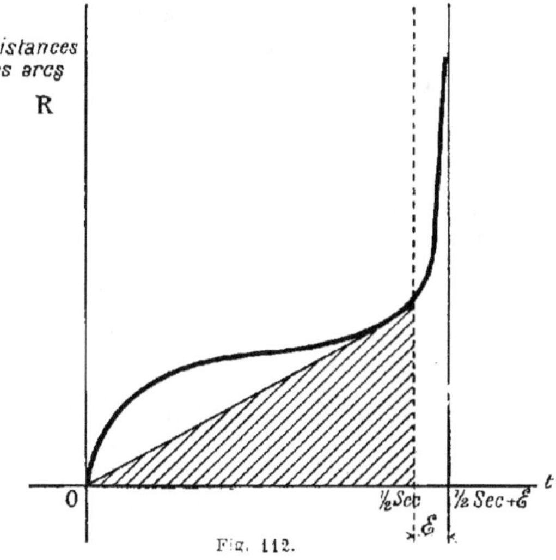

Fig. 112.

R est fonction de l'écartement des pièces de contact, c'est-à-dire fonction du temps. De diverses observations que l'on peut faire lorsqu'on assiste au déclanchement d'un interrupteur sous forte surcharge (on entend siffler l'arc), on peut estimer de 0 à 1 seconde le temps nécessaire à la rupture ; admettons qu'il soit ici de $\frac{1}{2}$ seconde $+ \varepsilon$.

Comment varie R au cours de la rupture ?

Il est assez difficile de le savoir exactement ; supposons, ce qui est assez rapproché de la vérité pour le calcul que nous voulons faire, que R varie linéairement dans l'intervalle $(0, \frac{1}{2}$ seconde$)$, au lieu de suivre la courbe de variation plus probable, indiquée ci-contre (fig. 112).

L'intensité de plein court-circuit, d'abord égale à $I_0 = \frac{E}{\omega L}$, lorsque R = 0, diminue d'une certaine façon jusqu'à l'instant précédant la rupture.

Soit donc : $R = a \times t$ la résistance ohmique des arcs de rupture ;

E la force électromotrice efficace normale de l'alternateur;

ωL la réactance totale synchrone de cet alternateur.

A l'instant $t_0 = 0$, qui précède le commencement de l'ouverture de l'interrupteur par suite du court-circuit franc, l'intensité du courant de court-circuit établi est :

$$I_{0\,\text{c.c.}} = \frac{E}{\omega L}.$$

A ce moment, on a : R = 0.

Si l'on admet que la durée totale de la rupture soit d'environ 1/2 seconde $\left(t = \frac{1}{2}\right)$, au bout de ce temps, qui précède immédiatement l'extinction complète, l'intensité est moins forte, à cause de la résistance introduite par les arcs.

Admettons qu'au temps $t = \frac{1}{2}$, l'intensité soit devenue $I_{\frac{1}{2}}$ telle que :

$$I_{\frac{1}{2}} = \alpha . I_0 = \frac{\alpha . E}{\omega L}$$

α étant un coefficient compris entre 0 et 1.

Or, à chaque instant, on a :

$$I = \frac{E}{\sqrt{R^2 + \omega^2 L^2}} = \frac{E}{\sqrt{a^2 t^2 + \omega^2 L^2}}.$$

En faisant dans cette formule :

$$t = \frac{1}{2} \qquad \text{et} \qquad I = \frac{\alpha . E}{\omega L},$$

on trouve

$$a = 2\omega L \sqrt{\frac{1}{\alpha^2} - 1}.$$

On peut alors écrire qu'à chaque instant, dans l'intervalle de temps $0, \frac{1}{2}$, la résistance des arcs est :

$$R = a.t = 2\omega L.\sqrt{\frac{1}{\alpha^2} - 1} . t$$

et l'intensité :

$$I = \frac{E}{\sqrt{a^2 t^2 + \omega^2 L^2}} = \frac{E}{\sqrt{4\omega^2 L^2 \left(\frac{1}{\alpha^2} - 1 \right) . t^2 + \omega^2 L^2}}$$

$$= \frac{E}{\omega L \sqrt{4 \left(\frac{1}{\alpha^2} - 1 \right) t^2 + 1}}.$$

Pendant l'intervalle dt, la quantité d'énergie dégagée dans les arcs de rupture est :

$$dW = R I^2 dt = \frac{2\omega L.\sqrt{\frac{1}{\alpha^2} - 1} . t. E^2}{\omega^2 L^2 \left[4 \left(\frac{1}{\alpha^2} - 1 \right) t^2 + 1 \right]} dt$$

et par suite, la quantité totale d'énergie dégagée dans les arcs pendant la durée de l'interruption est :

$$W = \int_0^{\frac{1}{2}} R I^2 dt = \frac{2 E^2}{\omega L} \int_0^{\frac{1}{2}} \frac{\sqrt{\frac{1}{\alpha^2} - 1} . t. dt}{4 \left(\frac{1}{\alpha^2} - 1 \right) . t^2 + 1}.$$

Si nous posons $1 + 4\left(\dfrac{1}{x^2} - 1\right) t^2 = y$, nous trouvons :

$$W = \frac{2E^2}{8\omega L\sqrt{\dfrac{1}{x^2} - 1}} \int_{1}^{\frac{1}{x^2}} \frac{dy}{y} = \frac{E^2}{4\omega L\sqrt{\dfrac{1}{x^2} - 1}}\left[\log_e. y\right]_{1}^{\frac{1}{x^2}}$$

$$(1) \qquad = \frac{E^2 \times 2{,}3026}{4\omega L\sqrt{\dfrac{1}{x^2} - 1}} \log._{10} \frac{1}{x^2} .$$

Appliquons cette formule au cas présent ; on a :

$$\omega L - 11^{\text{ohms}}2$$

$$E - 15.000 \text{ volts.}$$

Si l'on suppose qu'au bout de $\dfrac{1}{2}$ seconde, l'intensité soit réduite de moitié, on a :

$$x = 0{,}5.$$

Alors :

$$W_1 = \frac{\overline{15.000}^2 \times 2{,}3026}{4 \times 11{,}2 \times \sqrt{3}} \times 0{,}60206 = 4.000.000 \ \textit{de joules, environ.}$$

Si l'on avait admis qu'au bout de $\dfrac{1}{2}$ seconde, l'intensité serait réduite au $\dfrac{1}{20^e}$ de sa valeur initiale, *soit* 10 *fois plus réduite* que ci-dessus, on trouve :

$$x = 0{,}05$$

et

$$W'_1 = \frac{\overline{15.000}^2 \times 2{,}3026}{4 \times 11{,}2 \times \sqrt{399}} \times 2{,}60206 = 1.500.000 \ \textit{joules, environ.}$$

On voit donc que nous sommes bien dans l'ordre de grandeur exact, puisque l'hypothèse sur la variation de R dans l'intervalle 0,1/2 seconde influe peu sur la valeur de W.

Si maintenant nous supposons qu'au lieu d'un seul alternateur, il y en ait 10 d'égale puissance couplés en parallèle sur les barres omnibus, on trouve :

$$\alpha - 0,5 \quad W_2 = 40,000.000. \text{ de joules.}$$
$$z = 0,05 \quad W'_2 = 15.000.000 \text{ de joules.}$$

Autrement dit, ce que la formule (1) montre d'ailleurs nettement, l'énergie dégagée dans les arcs est proportionnelle à la puissance totale des générateurs, c'est-à-dire, inversement proportionnelle à la réactance de leur ensemble. D'où l'utilité d'augmenter celle-ci, au besoin, par des réactances additionnelles, comme nous l'avons déjà signalé.

Examinons, en nous plaçant seulement dans le cas d'un seul alternateur, quel peut être l'effet de ces 4.000.000 de joules se dégageant dans l'interrupteur.

Nous pouvons écrire :

$$W = 4.000.000 \text{ de joules} = 4.000.000 \text{ watts-secondes} = 1,11 \text{ kilowatts-heure.}$$

Or, 1 kilowatt-heure équivalant à 863 calories (kg.-d.), la quantité d'énergie en jeu au moment d'une telle interruption sera *de l'ordre de grandeur de : 960 calories (kg.-d.)*

Si l'interrupteur considéré contient 400 kilogrammes d'huile, et que la capacité thermique spécifique de celle-ci soit 0,4, cette quantité de chaleur suffirait à élever sa température de $\theta = 6°$ C.

Or on constate expérimentalement que l'élévation de température de la masse de l'interrupteur est bien de cet ordre de grandeur après un violent déclanchement. Il faut considérer, en outre, qu'une partie de cette chaleur dégagée s'emploie à effectuer des décompositions et formations chimiques des éléments de l'huile.

Ces chiffres nous indiquent bien, par leur ordre de grandeur, l'importance destructive des arcs de rupture, la quantité de chaleur étant concentrée en deux ou quatre points de rupture, de très faible volume, au sein de l'huile, et font comprendre par suite la nécessité d'augmenter les dimensions, intervalles, etc... des interrupteurs à mesure qu'ils sont susceptibles d'interrompre de plus grandes puissances.

Il faut remarquer, en outre, qu'en pratique les courts-circuits de résistance nulle sont rares. Qu'il s'agisse d'un court-circuit imparfait ou d'une très forte surcharge ayant fait déclancher l'interrupteur, il y a en série avec les arcs et le générateur une autre résistance dans le circuit, qui atténue plus ou moins la violence de l'interruption ; mais les effets destructifs de celle-ci dans l'interrupteur ont toujours néanmoins une importance voisine de celle dont nous avons ci-dessus établi la valeur.

———

Nous avons parlé, au début de ce chapitre, de la décomposition de l'huile par les arcs de rupture, donnant naissance à des gaz tels que l'hydrogène, l'oxygène, l'oxyde de carbone, etc...

Ces décompositions se font à la faveur de l'élévation locale de température de l'huile entourant les arcs, à laquelle peut s'ajouter l'action d'électrolyse du courant.

Quoi qu'il en soit, lorsque les ruptures ont été particulièrement violentes, il se forme d'assez grandes quantités de ces gaz, constituant un mélange détonant qui donne lieu quelquefois à des explosions très dangereuses.

Nous pouvons citer à ce sujet un exemple tout récent, relaté dans la revue l'*Industrie électrique* (n° 520, août 1913).

Le 24 avril 1913, à l'usine hydro-électrique de Whylen, sur le Rhin (Grand-duché de Bade), un interrupteur a explosé, entraînant l'arrêt total de toute l'usine.

Cet interrupteur commandait un départ, branché sur les barres omnibus à 7.000 volts, lesquelles étaient alimentées à ce moment par 7 alternateurs de 3.000 kilowatts. Le soir du 24, un orage avait lieu sur la région desservie par ce départ, et à un certain moment, cet interrupteur déclancha, et explosa aussitôt avec grand bruit, en secouant tout le bâtiment.

Il se produisit aussitôt une fumée épaisse qui obligea tout le personnel à sortir sans lui permettre autre chose que d'arrêter les machines.

Des pompiers, munis d'appareils respiratoires, ne purent entrer, à cause de la chaleur, qu'au bout d'une heure et demie. 2.000 litres d'huile avaient brûlé, ce qui indique que l'incendie avait dû gagner des interrupteurs voisins, malgré les cloisons incombustibles qui les séparaient.

Dans cet accident, il est probable qu'un coup de foudre a déterminé un court-circuit entre phases, consécutif à une mise à la terre, soit sur la ligne, soit dans l'interrupteur même ; l'interrupteur coupant ce court-circuit, très violent, puisque 7 générateurs de 3.000 kilowatts alimentaient les barres, n'a pu résister, bien qu'il fût de construction moderne, à la puissance de cette interruption, et a donné lieu à la catastrophe signalée.

On voit, par cet exemple récent, le bien fondé des observations que nous avions faites (voir chapitre VII) sur le choix de la puissance d'interruption des interrupteurs pour grosses installations.

On conçoit aussi le grand intérêt de sécurité qui résulterait de l'emploi d'interrupteurs dans lesquels la quantité d'huile serait réduite au minimum, par l'adoption du dispositif des interrupteurs à pression, type Vedovelli-Priestley.

On a préconisé aussi d'enfermer chaque interrupteur à huile dans une cellule hermétique, ouverte par devant en temps ordinaire, mais se fermant automatiquement en cas d'incendie, en provoquant l'envoi dans cette cellule d'un gaz inerte sous pression (azote par exemple). Cette disposition réduirait évidemment de beaucoup les proportions des incendies de ce genre.

Il faut considérer en effet, qu'en outre de la grande quantité de chaleur dégagée par la combustion de l'huile d'un interrupteur explosé, cette combustion dégage une fumée épaisse qui donne lieu à d'épais dépôts de suie dans tout le local qui forme chambre de condensation, et en particulier sur les isolateurs à haute tension.

Si alors on n'a pu arrêter complètement l'arrivée du courant, il se produit sûrement d'autres courts-circuits qui augmentent les dangers de propagation ; nous avons vu le cas.

A ce propos, il est très utile qu'une usine qui contient de nombreux interrupteurs ou transformateurs à huile, possède quelques casques protecteurs avec appareils respiratoires, et lampes électriques à accumulateurs, afin que le personnel puisse, quand il en est temps encore, aller faire les manœuvres ou les interruptions nécessaires.

TABLE DES MATIÈRES

Appareillage d'Interruptions

Fab. Grav. & Imp. L. GEISLER
AUX CHATELLES, PAR RAON-L'ÉTAPE (VOSGES)
1, RUE DE MÉDICIS, PARIS.